초등학생이 간식으로 먹는 과학 지식 **과거의 과학**

펴 냄	2010년 11월 15일 1판 1쇄 박음 / 2010년 11월 20 일 1판 1쇄 펴냄
지 은 이	과학주머니
일러스트	배중열
펴 낸 이	김철종
펴 낸 곳	(주)한언
	등록번호 제1-128호 / 등록일자 1983. 9. 30.
주 소	서울시 마포구 신수동 63-14 구 프라자 6층(우 121-854)
	TEL.(대)701-6616 / FAX. 701-4449
책임편집	이영혜, 노준승
디 자 인	정현영, 양미정, 백은미, 하현지, 김문정
홈페이지	www.haneon.com
e-mail	haneon@haneon.com

I S B N   978-89-5596-593-3   63400

초등학생이 간식으로 먹는 과학 지식

초간지

과학주머니 지음

한ㄴ

과학, 기술, 사회 멋들어진 시사 과학 삼박자

삼형제가 살고 있었다. 삼형제의 아버지는 유산을 남겼는데, 첫째에게는 어디든지 날아갈 수 있는 양탄자를, 둘째에게는 아무리 먼 곳이라도 볼 수 있는 망원경을, 셋째에게는 어떤 병이든 고칠 수 있는 마법의 열매를 주었다. 어느 날, 둘째가 망원경으로 이웃 나라에 사는 공주가 병에 걸려 죽어 가고 있는 모습을 보았다. 삼형제는 그 즉시 첫째의 양탄자를 타고 공주에게 날아갔다. 셋째는 마법의 열매를 공주에게 먹여 공주를 살렸다. 이웃 나라 왕은 공주의 목숨을 구한 남자와 공주를 결혼시키려고 하였으나, 상황이 이렇게 되자 난감했다. 과연 누가 공주와 결혼하게 될까?

이 이야기를 이미 잘 알고 있는 친구들이 있을 거예요. 《탈무드》에서 자신이 가진 전부를 주어 희생한 셋째가 공주와 결혼한다는 결말로 이야기가 끝났다는 것을 아는 친구도 있을 거고요.

과학 책에서 뜬금없이 이런 이야기를 하는 이유가 뭐냐고요?

《탈무드》에 나온 결말 말고, 여러분의 생각은 어떤지 궁금하네요. 물론 셋째가 마법의 열매를 희생하면서 공주를 살린 것은 사실이지만, 망원경이나 양탄자가 없었다면 공주가 죽기 전에 공주에게 갈 수 있었을까요? 다른 각도에서 보았을 때, 망원경, 양탄자, 열매 중 하나라도 없었다면 공주는 살아나기 어려웠을 거예요.

우리 사회와 과학과 기술도 이와 같은 관계예요. 어느 하나 따로 발전할 수 없지요. 서로 하나로 연결되어 있어 한 분야가 발전하면 자연히 다른 분야도 함께 성장하게 된답니다. 한국 최초의 우주인

이소연 을 보면서 "와! 멋지다!" 라고 감탄만 할 게 아니라, 왜 세계 여러 나라에서 우주로 가려고 난리인지 곰곰 생각해 볼 필요가 있어요. 여러분이 사용하는 정수기가 미국항공우주국의 우주개발 기술에서 나왔다니 놀랍지 않나요? 이렇게 과학과 기술은 사회와 밀접한 관련이 있답니다. 과학과 기술과 사회를 따로따로 연구한다면 우리가 사는 세상도 뒷걸음질할 수밖에 없을 거예요. 그래서 우리는 '과학 상식' 을 알아야 한답니다.

여기서 한 가지 더! 이러한 과학 지식을 단지 알고, 이해만 하면 끝일까요? 노노노! '지식' 과 '이해' 라는 케이크 빵 위에 여러분의 '생각' 이라는 부드럽고 고소한 크림과 새콤달콤한 과일을 얹어야 진짜 '앎' 이 된답니다. 또, 여러분이 과학자가 되든지, 사업가가 되든지 함께하는 사람들에게 자신의 뜻을 잘 전달하는 일이 공부하고 연구하는 일만큼 중요해요. 자신의 의견을 논리적으로 표현하고 설득하는 일은 이제 필수가 되었어요. 짜잔! 그래서 이 책 맨 뒤에 '과학 글쓰기' 노트를 덧붙였어요. 으아, 글쓰기라면 ㄱ자도 보기 싫다고요? 글쓰기는 백과사전보다 더 재미없다고요? 편견은 버려요! 발랄한 나우, 촐랑이 라이, 엉뚱하지만 진지한 지나와 함께 느끼고, 고민하다 보면 글 쓸 종이가 모자라다고 말하게 될지도 모를걸요! 그러니 걱정일랑 변기에 빠뜨려 물을 내려 버리고, 함께 시사 과학의 세계에 빠져 봅시다!

― 꺼내도 또 꺼내도 줄어들지 않는 마법의 과학주머니

물음표 통통통

각 장의 제목만 보고 내용을 짐작해 본 다음, 물음표 통통통에 나오는 질문을 읽어 봐. 꼭 답을 하지 않아도 좋아. 답이 무엇일까, 고민하는 것만으로도 충분해.

본문

다양한 관점에서 주제를 살펴볼 수 있도록 흥미로운 사실과 이야기를 꽉꽉 눌러 담았어. 읽기 전에 손수건이나 화장지를 꼭 준비하렴. 너무 재미있어서 침을 질 질 흘리지도 모르거든!

미니 사전

오우! 가끔 잘 모르는 단어가 나온다고? 하지만 알고 나면 별것 아니지! 언젠가는 알아야 할 단어들이니, 이참에 미니 사전 살짝 들추어 보자고!

그림

과학 · 기술 · 사회, 이 세 가지를 좀 더 쉽게, 좀 더 재미있게 이해하는 데에 도움이 될 거야.

사진

생생한 과학 자료를 눈으로 보면 과학이 네 곁에 성큼 다가와 있다는 걸 느낄 수 있을 거야.

생각이 껑충!

책을 읽다 보면 머릿속에 백만 스물두 가지 생각들이 떠오를 거야. 그런 너를 위해 생각할거리를 만들어 놓았어. 나랑 같이 생각놀이를 즐겨 볼래?

하늘까지 점프!

앞에서 읽은 내용을 바탕으로 주어진 과제를 직접 해결하기 위해 머리를 굴려 보자! 너도 모르게 창의력이 쑥 커질 거야!

워크북

〈하늘까지 점프!〉에서 슬쩍 본 문제를 해결하는 글을 써 보자. 글쓰기는 지루하다고? 천만의 말씀! 너의 천재적인 두뇌를 가동시켜 미션을 완수해야 하는 글쓰기 게임이라고 생각해 봐! 벌써부터 신나지 않아?

현재에서 온 나우

반가워! 내 이름은 나우야. 영어 'now'에서 따왔어. 난 논리적인 걸 좋아하고 예리해. 논쟁이라면 자신 있지.(호호, 그래서 말싸움도 잘한단다!)

신문도 빼먹지 않고 읽고 있어. 그래서 다른 아이들보다 시사에 조금 더 밝아. 이번에 시사 과학을 너희에게 소개하는 임무를 맡았어.

난 이다음에 커서 과학 전문 기자가 될 거야. 그럼 과학자가 된 너를 찾아갈지도 모르니까, 꼭 인터뷰에 참여해 줘야 해!

미래에서 온 라이

안녕! 안녕! 안녕! 내 이름은 라이. 이름이 왜 라이냐고? '라이, 라이, 라이…' 하고 빨리 발음해 봐. '래'가 되지? 바로 '앞으로 올 때'의 뜻을 가진 '미래'에서 가져와 나누어 펼친 이름이 '라이'야. 난 이다음 책에서 첨단 과학을 소개할 거야.

난 말도 많고, 호기심도 엄청 많아. 상상하는 걸 좋아하고, 아이디어도 풍부하지. 덜렁대고 실수도 많지만, 머릿속에서 번개 같은 생각이 퍼뜩 잘 떠오르는 편이야.

내 꿈은 하늘을 나는 카레이서가 되는 거야. 미래에서 만나면 널 꼭 태워 줄게!

과거에서 온 지나

내 이름은 지나, '과거'의 뜻인 '지나가다'에서 가져왔지. 난 조용한 성격이야. 하지만 중요한 순간에 핵심적인 말을 잘해. 라이랑 성격이 정반대지만, 나우 말로는 가끔 엉뚱한 짓을 하는 게 라이랑 닮아서 우리가 친구일 수 있단다.

난 기억력이 좋아. 어떤 것이든 그것의 성격을 파악하고 정리하는 것도 잘하지. 그래서 나중에 모든 과학 개념과 역사를 정리하는 학자가 되고 싶어.

차례

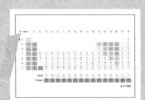

과학 법칙의 발견 01
우연일까? 연구의 힘이지!

물음표 통통통

1. 버몬트의 행동을 어떤 속담으로 설명할 수 있을까?

2. 에딩턴은 아인슈타인의 이론을 어떻게 증명했을까?

3. 과학 법칙은 어떻게 발견되는 것일까?

위에 뚜껑이 달린 사나이

1822년의 어느 날, 미국 미시간 주의 한 육군 부대 병원에 부상당한 군인이 실려 왔어. 폐와 위가 만신창이가 된 매우 위급한 환자였지. 특히 위는 많이 찢겨 있었단다. 의사 버몬트는 신속하고 정확하게 수술했고, 결과는 성공적이었어. 그 후로도 2년 동안 치료에 정성을 쏟았지. 버몬트의 노력 덕분인지 환자의 위벽은 점점 자라 위에 난 구멍을 덮었어. 소화 기능이 정상인과 다름없을 정도로 회복되어 무엇이든 먹고 소화시킬 수 있었단다. 하지만 완전히 아물지는 않아서, 손으로 밀면 위벽이 열려 그 안을 들여다볼 수 있었단다. 마치 위에 뚜껑이 달린 것 같았지.

버몬트는 환자의 위가 완전히 재생되지 않은 것에 실망하는 대신, 사람의 위에서 어떻게 소화가 일어나는지 직접 보면서 연구할 수 있는 기회라고 생각했어. 위에 음식이 들어가면 어떤 물질이 나와서 소화를 돕는지 관찰했고, 소화가 잘되는 음식이 무엇인지도 알아냈지. 또 불안하거나 스트레스를 받으면 소화가 잘 안 된다는 사실도 밝혀냈어.

버몬트가 위에 뚜껑이 생긴 이 환자를 만난 것은 우연이었어. 만약 버몬트가 부상당한 군인의 수술을 맡지 않았다면, 또는 그 환자의 위가 완전히 아물었다면 버몬트는 위를 직접 들여다보며 연구할 수 없었을 거야. 버몬트에게 이 우연은 새로운 사실을 밝혀낸 기회가 된 셈이지.

그렇다면 지금까지 과학의 역사 속에서 버몬트처럼 우연한 기회에 법칙을 발견해 낸 예가 또 있을까?

우연한 발견

병을 치료하는 곰팡이 - 플레밍의 페니실린

책을 보다가 날카로운 종이에 손을 벤 적이 있니? 등산을 하다가 나뭇가지의 가시에 찔린 적은? 이럴 땐 상처 난 부위에 약을 바르고 항생제[*]를 먹으면 금방 나으니까 크게 걱정하지 않아도 돼. 하지만 약이나 항생제가 없던 시절엔 이 정도 상처만 나도 그 부위를 잘라 내거나, 심지어 목숨을 잃기도 했다고 해. 상처 난 부분으로 세

노벨상을 받는 플레밍

균이 들어가 몸속을 공격했기 때문이야. 그렇다면 세균을 죽이는 항생제는 누가, 언제 만들었을까?

1928년, 감기를 일으키는 세균을 연구하던 영국의 세균학자 알렉산더 플레밍은 연구실 샬레를 보고 이상한 점을 발견했어. 세균을 기르던 샬레 가운데 푸른곰팡이가 생겼는데, 그 주위의 세균만 죽어 있는 거였어. 플레밍은 푸른곰팡이가 세균을 죽였다고 생각했고, 여러 연구를 통해 그 사실을 증명해 냈어. 그리고 푸른곰팡이 중 세균을 죽이는 부분에 '페니실린'이라는 이름을 붙여 주었지.

항생제

미생물이 만들어 내는 항생 물질로 된 약. 미생물이나 세포 등을 꼼짝 못하게 하거나 죽인다.

만약 샬레에 푸른곰팡이가 생기지 않았더라면 플레밍이 페니실린을 찾을 수 있었을까? 또, 플레밍이 푸른곰팡이가 생긴 샬레를 그냥 씻어 버렸다면 어떻게 됐을까? 이렇게 과학적 발견은 우연한 사건을 계기로 이루어지는 경우가 많아.

제2차 세계 대전의 숨겨진 영웅

지금은 페니실린이 항생제로 널리 쓰이지만, 처음 페니실린을 발견했을 때는 치료에 이용되지 못했다. 하지만 제2차 세계 대전 이후 페니실린이 병을 치료하는 데 본격적으로 사용되어 많은 생명을 구했고, 그 효과를 인정받기 시작했다. 페니실린을 발견한 알렉산더 플레밍과 페니실린을 대량으로 만들어 낸 하워드 월터 플로리와 어니스트 보리스 체인은 그 공로를 인정받아 1945년에 함께 노벨상을 받았다.

페니실린은 어떻게 박테리아를 죽이는 걸까?

페니실린은 박테리아의 세포벽이 자라지 못하게 방해한다. 세포벽이 약해지면 세포액은 밖으로 나오는데, 그러면 박테리아는 정상적으로 살 수 없게 된다.

우연한 발견, 거듭된 연구

아래의 그림을 볼래? 자석은 같은 극끼리 마주 보면 서로 밀어내고, 다

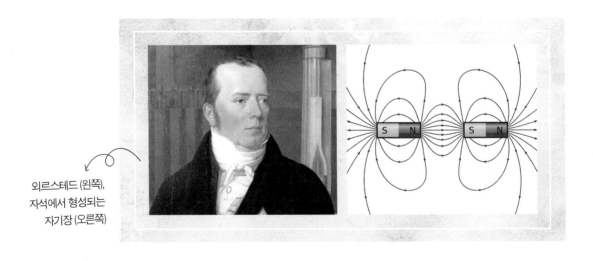

외르스테드 (왼쪽),
자석에서 형성되는
자기장 (오른쪽)

른 극끼리 마주 보면 서로 끌어당기지? 이런 힘을 '자기력'이라 해. 또, 자기력의 영향을 받는 공간을 '자기장'이라고 한다. 자기장은 꼭 자석 주위에서만 발견되는 건 아니야. 덴마크의 물리학자인 한스 크리스티안 외르스테드가 전류 주변에서도 자기장을 발견했거든.

　1820년, 물리학 수업이 한창인 대학교 강의실. 외르스테드 교수는 전류가 흐르는 전선 옆에 놓여 있던 나침반 바늘의 움직임이 이상하다는 것을 우연히 눈치챘어. 항상 북쪽을 향하는 나침반 바늘이 동쪽을 가리키고 있었던 거야. 나침반에 어떤 힘이 작용했던 거지. 외르스테드는 그 모습을 보고 전류가 흐르면서 자기력을 내뿜으며, 그 힘의 영향

→ 패러데이

을 받는 공간인 자기장이 생긴다고 생각했어.

외르스테드가 우연히 전류에서 자기장을 발견한 뒤, 영국의 물리학자 마이클 패러데이는 자석으로 전류를 만들 수 있지 않을까 생각하고 실험을 거듭했지. 그러던 중, 전선 사이에 자석을 넣고 움직이는데 전류량을 측정하는 검류계가 조금 움직였어. 전류가 흐른 거지. 그리고 계속해서 위아

래로 움직이자 전류도 계속 흘렀어. 전선과 자석 사이의 움직임으로 전류가 생긴다는 '전자기 유도 법칙'을 발견한 순간이었지. 이 원리는 운동 에너지로 전기를 만드는 발전기를 발명하는 데 쓰이기도 했어.

만약 발전기가 없다면 어떻게 될까? 전기를 만들어 낼 수 없어서 우리 생활은 많이 불편해질 거야. TV도 볼 수 없고, 컴퓨터도 사용할 수 없겠지. 이렇게 우리 생활에 없어서는 안 될 발전기의 발명이, 강의실에 놓여 있던 나침반을 우연히 들여다본 것에서부터 시작되었다는 사실이 재미있지 않니? 하지만 시작은 우연한 발견에서 이루어졌다고 하더라도 만약 그 우연한 발견을 놓쳐 버리거나 또 그 뒤로 과학자들의 연구와 노력이 이어지지 않았다면 발전기는 발명될 수 없었을 거야. 이처럼 과학 법칙이란 우연한 발견을 계기로 연구를 거듭해서 이루어지는 경우가 많단다.

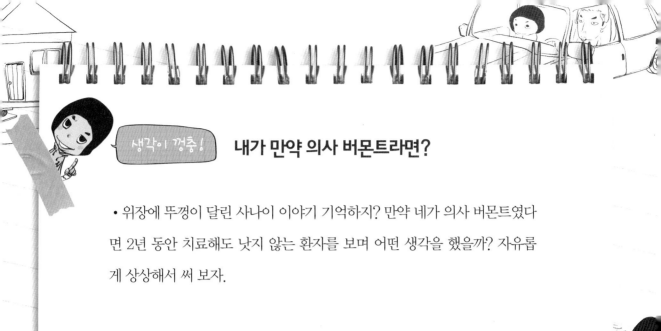

내가 만약 의사 버몬트라면?

• 위장에 뚜껑이 달린 사나이 이야기 기억하지? 만약 네가 의사 버몬트였다면 2년 동안 치료해도 낫지 않는 환자를 보며 어떤 생각을 했을까? 자유롭게 상상해서 써 보자.

_____

_____

_____

• 외르스테드와 패러데이가 밝혀낸 자석과 전기 사이의 관계를 설명해 보자.

_____

_____

_____

연구를 통한 과학 법칙의 발견

뉴턴이 사과가 떨어지는 모습을 보며 만유인력의 법칙을 생각해 냈다는 것은 알고 있지? 뉴턴이 과학 법칙을 발견할 수 있었던 이유는, 사과가 떨어지는 모습을 보며 '왜 사과는 땅으로 떨어질까?', '왜 위로 떠오르거나 옆으로 가지는 않을까?'라고 질문하며 과학적으로 그 답을 찾으려 했기 때문이야.

이렇게 과학 법칙은 우연이 아닌, 끊임없는 생각과 연구 끝에 찾아지기도 한단다. 그럼 과학의 역사를 살펴보면서 누가 어떤 과정을 통해 새로운 사실을 발견해 냈는지 알아볼까?

꿈에서 실마리를 발견한 벤젠 구조

시골에서 농사를 지을 때 가장 걱정하는 게 뭔지 아니? 바로 농작물에 벌레가 생기는 일이야. 잘 자라고 있는 농작물을 벌레가 갉아 먹어 버리면 그해 농사를 망치게 되거든. 그래서 농부들은 몇 차례 농약을 뿌려 준다. 벌레를 없애 농작물이 쑥쑥 클 수 있도록 돕는 농약은 무엇으로 만들어졌을까? 바로 벤젠*이야.

벤젠은 1825년 패러데이가 도시가스 배관 속에서 우연히 발견하면서 처음으로 세상에 알려졌어. 하지만 어떤 구조로 되어 있는지는 밝혀지지 않았지. 벤젠의 수수께끼를 푼 사람은 독일의 화학자 프리드리히 케쿨레였어.

케쿨레가 밤이나 낮이나 벤젠의 구조를 알아내기 위해 열심히 연구하던 어느 날이었어. 케쿨레는 그날도 어김없이 벤젠의 구조에 대해 고민하다 깜빡 잠이 들었는데, 꿈속에서 뱀 한 마리가 자신의 꼬리를 물고 뱅글뱅글 돌고 있는 모습을 봤어. 잠에서 깬 케쿨레는 '꿈속에서 본 뱀처럼 벤젠의 구조도 자기 꼬리를 물고 도는 모양이 아닐까?' 하고 생각하게 되었지. 그리고 그 생각을 증명하기 위해 연구를 거듭한 결과, 벤젠은 탄소 여섯 개가 둥글게 결합된 육각형 구조라는 것을 밝혀냈어. 어떤 문제를 아주 골똘히 생각하다 보니 꿈속에서조차 그 문제를 떠올리게 되고, 마침내 해결책까지 찾게 된 거야.

맨눈으로 혜성의 정체를 밝힌 과학자

케쿨레처럼 연구에 밤낮없이 몰두한 사람을 또 찾아볼까? 망원경이 만들어지기 전에도 밤하늘의 별들을 관측한 티코 브라헤라는 덴마크의 천문학자가 바로 그랬어. 열네 살 때 부분 일식을 관찰하면서 천문학의 매력에 빠져든 티코는 천문학을 공부하는 것을 반대하던 부모님 몰래 책을 보며 별들을 관측했단다.

망원경이 없던 시절이었으므로 티코는 맨눈으로 직접 밤하늘을 보며 별들의 위치를 하나하나 기록했어. 얼마나 세심하게 관찰했던지 망원경을 사용하지 않은 연구 가운데 가장 정확한 결과로 손꼽힌다고 해.

1572년 어느 날, 산책을 하던 티코는 그날도 어김없이 밤하늘을 쳐다보았어. 그러다 카시오페이아자리에서 그때까지 보지 못했던 새로운 별이 반짝

항성

서로 위치를 바꾸지 않는 붙박이별로 북극성, 북두칠성, 견우성, 직녀성 등이 있다.

신성

희미하던 별이 폭발 등에 의해 갑자기 밝아졌다가 서서히 희미해지는 별.

혜성

가스 상태의 긴 꼬리를 끌고 태양을 초점으로 긴 타원이나 포물선 모양의 궤도를 그리며 운행하는 별.

이는 것을 발견했지. 그리고 그 별의 위치를 여러 번 되풀이해 관측한 결과, 달이나 다른 행성보다 멀리 있는 항성*에 속한 신성*이라는 결론을 내렸어.

티코의 업적은 새로운 별을 발견한 것뿐만이 아니야. 1577년 혜성*을 관측하는 데 성공했거든. 그때까지 사람들은 혜성이 지구 주위에서 일어나는 현상이라고 생각했는데 티코는 혜성이 하나의 천체로 지구에서 떨어진 거리가 달에 비해 세 배나 멀다는 결론을 내렸어.

티코는 건강이 악화되어 더 이상 별을 관측할 수 없게 되자 젊은 천문학자인 요하네스 케플러를 제자로 두었어. 케플러는 티코의 정밀한 관측 기록을 계산하는 데만 4년이란 세월을 보냈다고 해. 수십 년에 걸친 티코의 천체 관측 결과를 케플러가 정리해 현대 천문학의 길을 열어 준 셈이지. 티코의 이야기처럼 과학의 발전은 끊임없는 노력으로 이루어지는 경우도 있단다.

아인슈타인과 에딩턴

지나와 나우가 봄맞이 대청소를 시작했어. 그 모습을 잠깐 살펴볼까? 과거에서 온 지나는 여기저기 떨어진 쓰레기를 빗자루로 쓸어 한데 모으고 있어. 허리를 굽히고, 비질을 할 때마다 일어나는 먼지를 마시며 힘들게 청소를 하고 있네. 하지만 현재에 살고 있는 나우는 진공청소기로 바닥을 쓱쓱 밀더니 금세 청소를 끝냈어. 진공청소기가 쓰레기와 아주 작은 먼지까지 빨아들여 티끌 하나 남지 않았어. 여기서 재미있는 사실을 하나 알려 줄까? 지구나 태양도 진공청소기처럼 주위에 있는 것들을 끌어당기는 힘을 갖고 있단다.

아인슈타인은 태양 같은 거대한 천체는 큰 중력으로 인해 주위의 공간을

20

변화시켜 빛조차 휘어지게 한다는 '일반 상대성 이론'을 내놓았어. 우리가 보기에 빛은 직선으로 나아가는 것 같지? 하지만 아인슈타인의 이론에 따르면 빛도 중력의 영향을 받아 휘어진다고 해. 빛까지 끌어당긴다고 하니 정말 센 힘이라는 걸 알 수 있겠지?

천문학자인 에딩턴은 태양의 중력 때문에 빛이 휜다는 아인슈타인의 주장을 증명하기 위해 실험을 했단다. 하나의 별을 정해 놓고, 일식이 있을 때 별의 사진을 찍어 그 위치를 알아 보려고 했지. 태양이 정말 무엇인가를 끌어당기는 힘이 있다면, 그 별에서 온 빛이 태양 근처를 지날 때 휘어져서 그 위

치가 다르게 보일 테니 말이야.

그런데 태양 주위를 지나는 별빛은 태양의 밝은 빛 때문에 보기 힘들잖아. 그럼 어떻게 별의 위치를 알 수 있었을까? 에딩턴은 달의 그림자가 태양을 가려서 낮에도 별을 볼 수 있는 개기 일식*때 별의 위치를 쟀어. 그리고 태양이 있을 때와 없을 때, 별의 위치가 서로 다르다는 것을 확인해 아인슈타인의 일반 상대성 이론이 사실이라는 것을 증명했지.

일반 상대성 이론은 아인슈타인이 과학적으로 생각해 정리하고, 에딩턴이 실제로 관측해 증명한 거야. 또 티코의 관측 결과를 제자인 케플러가 계산해서 정리하고, 외르스테드가 발견한 자기장을 패러데이가 연구하여 전자기 유도 법칙을 발견한 것처럼, 여러 사람이 연구한 결과들이 모여 이루어지는 경우가 대부분이란다.

물음표 통통통

1. 코페르니쿠스의 지동설은 처음에 왜 받아들여지지 않았을까?

2. 갈릴레이는 어떤 방법으로 지동설이 맞다는 주장을 폈을까?

3. 만유인력의 법칙은 어떤 과정을 거쳐 탄생했을까?

이것은 무엇일까?

빌헬름 텔, 아담과 이브,
스피노자, 백설 공주
(왼쪽부터)

빌헬름 텔은 아들의 머리 위에 얹힌 '이것'을 활로 쏘아 명중시켰어.

아담과 이브는 뱀의 유혹에 넘어가 하느님이 먹지 말라고 한 '이것'을 따 먹었지.

철학자인 스피노자는 "내일 지구가 멸망하더라도 나는 오늘 '이것' 나무 한 그루를 심겠다"고 했어.

백설 공주는 계모가 준 독이 든 '이것'을 먹고 긴 잠에 빠졌단다.

'이것'이 뭔지 알겠지? 그래, 정답은 바로 '사과'야.

사과가 들어간 이야기는 이 밖에도 많단다. 그리스 신화에 나오는 트로이의 왕자 파리스는 미의 여신 아프로디테에게 황금 사과를 주고 스파르타의 왕비 헬레네를 데려오는 바람에 트로이 전쟁이 일어났어. 우리가 잘 알고 있는 〈아낌없이 주는 나무〉에도 사과나무가 등장하지. 그리고 아이폰 열풍을 일으킨 스티브 잡스의 회사 이름도 바로 '애플'이야.

그런데 뭔가 허전하지 않아? 과학을 공부하는 우리가 꼭 알아야 할 사과가 빠진 것 같은데, 그게 뭘까?

그래, 바로 뉴턴의 사과야.

우리나라에 뉴턴의 사과나무가 있다고?

뉴턴이 사과나무 아래서 사과가 바닥으로 떨어지는 것을 보고 만유인력을 발견했다는 사실은 잘 알고 있을 거야. 그런데 뉴턴이 만유인력을 발견했던 그 사과나무가 지금 우리나라에 있다면 믿을 수 있겠니? 놀라지 마! 대전에 있는 한국 표준 과학 연구원에 진짜로 뉴턴의 사과나무가 있어.

사실 뉴턴이 바라봤던 그 사과나무는 1814년에 죽고 말았어. 하지만 다른 사과나무에 접목[*]되었고, 접목된 이 나무에 다시 접목한 사과나무가 영국의 큐 가든[*]에 옮겨졌지. 우리나라에 있는 뉴턴의 사과나무는 원래 나무에다 접목에 접목을 거듭한 4대손이야. 1977년 미국 연방 표준국에서 한미 과학 기술 협력의 상징으로 기증하여, 그 다음 해인 1978년에 한국 표준 과학 연구원으로 들어왔어.

한국 표준 과학 연구원은 많은 사람들에게 뉴턴의 탐구 정신을 심어 주고, 어린이들에게 과학에 대한 꿈을 키워 주기 위해 이 사과나무를 여러 곳에 기증했어. 그래서 지금은 한국

접목

서로 다른 두 나무의 일부를 잘라 연결하여 하나의 개체로 만드는 방법으로 '접붙이기'라고도 한다.

큐 가든

영국 런던에 있는 거대한 식물원. 2003년 7월 3일, 유네스코 세계 문화유산으로 지정되었다.

↑ 뉴턴의 사과나무

회고록

지나간 일을 돌이켜 생각하
며 적은 기록을 말한다.

표준 과학 연구원뿐 아니라 국립 중앙 과학관, 한국 과학 기술원(KAIST), 서울과학고등학교, 대전과학고등학교, 계룡산 자연 박물관, 동아대학교, 광주 과학 기술원에서도 뉴턴의 사과나무를 볼 수 있단다.

뉴턴 사과나무의 진실

지금은 뉴턴이 사과나무 아래서 만유인력을 발견했다는 이야기를 누구나 알고 있지만, 한동안 그 일화가 사실인지 아닌지 의문을 가지는 사람들도 있었어. 그런데 뉴턴과 친했던 영국의 과학자 윌리엄 스터클리가 뉴턴과 나눈 대화 내용을 써 놓은 회고록[*]이 공개되면서 사과나무 일화는 사실로 밝혀졌지. 그 원고에는 "뉴턴은 사과가 옆이나 위로 떨어지지 않고 항상 지구의 중심으로 향하는 것은 지구에 물체를 끌어당기는 힘이 있기 때문이라고 설명했다"고 쓰여 있었거든.

뉴턴 씨, 그때 떨어지는 사과에 맞지는 않았나요?

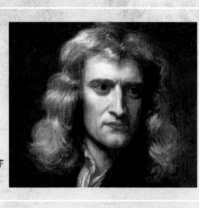

뉴턴 (왼쪽),
윌리엄 스터클리의 《아이작 뉴턴 경의
삶에 대한 회고록》(오른쪽)

생각이 껑충! 만유인력이 존재하지 않는다면?

• 뉴턴이 아래로 떨어지는 사과를 보고 만유인력의 법칙을 발견했다는 건 모두 알고 있지? 그렇다면 만약 사과가 아래로 떨어지지 않고 옆이나 위로 향한다면 어떤 일이 일어날까? 자유롭게 상상해서 써 보자.

_____

_____

_____

• 과거로 돌아가서 뉴턴을 만나 보자. 뉴턴이 떨어지는 사과를 보고 "사과는 왜 아래로만 떨어질까?"라고 물었다면 어떻게 대답할지 써 보자.

_____

_____

_____

'뉴턴의 사과'가 완성되기까지

뉴턴이 사과나무 아래에서 만유인력의 법칙을 발견했다는 것은 아주 유명한 이야기야. 그렇다면 뉴턴이 만유인력의 법칙을 발견할 때까지 어떤 이론들이 밑바탕이 되었는지 알아볼까?

코페르니쿠스의 지동설

잠시 동안 가만히 하늘을 올려다볼래? 구름이 움직이는 모습을 보고 있으면 마치 지구는 멈춰 있고 구름과 달, 별들이 움직이는 것처럼 보이기도 해. 우리는 지구가 태양의 주위를 돈다는 사실을 알고 있으니 그게 착각이라는 것은 알아. 하지만 옛날 사람들은 과학이 덜 발전되어 눈에 보이는 대로 믿었기 때문에 우주의 행성들이 지구를 중심으로 돈다고 생각했어. 이것을 '천동설'이라고 하지.

이 생각에 처음으로 의문을 가진 사람이 폴란드의 천문학자 니콜라스 코페르니쿠스야. 지구를 중심으로 다른 행성들이 돈다면 모든 행성은 일정한 방향으로 움직이겠지? 그런데 몇몇 별자리가 불규칙하게 움직이는 걸 발견한 거야. 이런 별자리의 움직임을 설명하기 위해 코페르니쿠스는 지구와 다른 행성들이 태양 주위를 돌고 있다는 '지동설'을 주장했어.

당시 사람들은 코페르니쿠스의 이야기를 어떻게 생각했을까? 그들에게 지동설은 그저 허

코페르니쿠스

무맹랑한 이야기일 뿐이었어. 지구가 돌고 있다면 사람들은 어지러워서 살 수 없을 거라고 생각한 거지. 지금은 지구와 사람 사이에 만유인력이 작용해 땅 위에 발을 붙이고 살 수 있다는 것을 알지만, 그 당시에는 만유인력에 대해 알지 못했으므로 코페르니쿠스도 그 현상을 설명하지 못했어.

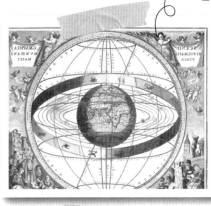

천동설을 설명하는 그림

사람들에게 받아들여지지 않았다고 코페르니쿠스의 지동설은 실패한 이론일까? 그렇지 않아. 그때까지 아무 의심 없이 믿어 온 천동설을 과감하게 뒤집어 이후의 과학자들이 새롭게 생각할 수 있게 길을 열어 주었으니 말이야.

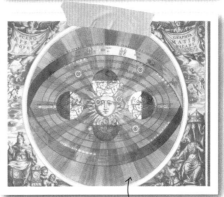

지동설을 설명하는 그림

갈릴레이의 망원경

천문대*에 올라가 아주 커다란 천체*망원경으로 밤하늘을 보면, 까만 하늘에 촘촘히 박힌 아름다운 별들을 볼 수 있어. 미지의 세계였던 밤하늘의 별들을 이렇게 손에 잡힐 듯 가까이에서 볼 수 있게 된 건 다 망원경 덕분이야.

망원경을 발명한 사람을 이탈리아의 천문학자 갈릴레오 갈릴레이로 알고 있는 친구들도 있을 거야. 하지만 망원경은 한스 리페르헤이라는 네덜란드 사람이 발명했단다. 갈릴레이가 만든 건 하늘의 별까지 볼 수 있는 '천체 망원경'이지.

갈릴레이는 자신이 만든 망원경으로 하늘을 관측했어. 호기심 가득한 눈

천체

우주에 존재하는 모든 물체를 말한다. 태양·행성·위성·달·혜성·소행성·항성·인공위성 등을 통틀어 이른다.

갈릴레이 (왼쪽),
천체 망원경 (오른쪽)

으로 들여다본 망원경에는 그동안 생각해 왔던 것과는 전혀 다른 세상이 펼쳐져 있었어. 가장 놀라웠던 건 금성도 달처럼 시간이 지나면서 모습이 바뀐다는 거였어. 그 시대 사람들은 행성들이 지구를 중심으로 돈다고 믿었다는 건 앞에서 말했지? 그렇다면 행성들은 항상 같은 모습으로 움직여야 하잖아. 그런데 금성의 모습이 달라지는 것을 알아내자, 그 현상을 설명하면서 지동설이 맞다고 주장할 수 있게 되었지.

케플러의 법칙

코페르니쿠스가 주장한 지동설은 갈릴레이가 망원경으로 금성을 관찰한 결과 덕분에 힘을 얻기 시작했어. 그래서 다른 과학자들도 점점 지동설에 관심을 가지고, 그것이 진실인지 밝혀내려 했지. 그중 두각을 나타낸 건 독일의 천문학자 요하네스 케플러였어. 그는 자신의 스승인 티코 브라헤가 별들을 관측한 자료들을 분석해 새로운 사실을 알아냈어. 그 때까지만 해도 코페르니쿠스나 갈릴레이는 행성들이 원을 그리며 태양 주위를 돈다고 생각했거든. 그런데 케플러는 행성들이 타원을 그리며 돈다는 것을 알아 낸 거야. 또한 행성의 공전*속도가 태양에서 멀리 떨 어져 있을 때는 느려지고, 가까이 있을 때는 빨라진 다는 사실도 알 수 있었어. 이러한 사실들을 알아낸 덕분에 행성이 어디로 움직일지 정확하게 예측할 수 있게 되었지.

케플러

고정 관념을 깬 뉴턴

뉴턴은 물체가 위에서 아래로 떨어지는 것은 어떤 힘이 물체를 잡아당기 기 때문이라고 생각했어. 물체의 무게는 지구가 당기는 힘 때문에 생기니까 지구가 없다면 물체의 무게도 없어지고, 공중에서 놓아도 아래로 떨어지지 않을 거라고 생각했지. 또한 떨어지는 물체의 속도가 점점 빨라지는 것은 속 도를 변화시키는 힘이 존재하기 때문이라 믿었어.

뉴턴 이전에는 아무도 지구의 힘이 물체에 영향을 줄 수 있다고 생각하지 못했어. 하지만 뉴턴이 그런 고정 관념을 깬 거야. 뉴턴은 케플러가 정리한 행성 운동의 법칙을 검토하면서 행성을 움직이게 하는 어떤 힘이 있다는 사 실을 깨달았어. 그 힘이 무엇인지 고민하던 뉴턴은 떨어지는 사과를 보고 이 런 의문을 품었지.

공전

한 천체가 다른 천체의 둘레 를 일정한 시간 간격으로 반 복해서 도는 일. 행성이 태 양의 주위를 돌거나 위성이 행성의 주위를 도는 현상 등 이 있다.

근대 과학

그리스와 중세의 자연과학
을 이어받은 16~17세기 유
럽의 자연과학. 수학과 실험
에 의한 탐구가 특징이다.

'왜 사과는 달처럼 지구 주위를 돌지 않고 밑으로 떨어질까?'

'왜 달은 사과처럼 지구로 떨어지지 않을까? '

이 물음에 답을 찾던 뉴턴은 물체들 사이에 어떤 힘이 작용하고 있다고 확신하게 돼. 그리고 그 힘은 물체의 종류와 상관없이 작용한다는 것을 깨달았지. 사실 뉴턴은 중력을 발견한 것이 아니라 '중력은 어느 곳에나 똑같이 적용된다'는 사실을 발견한 거야. 사과를 나무에서 떨어지게 하는 힘이나 달이 지구 주위를 돌고, 지구가 태양 주위를 돌게 하는 힘은 모두 같은 종류의 힘이며, 우주에 존재하는 모든 물체가 서로 끌어당긴다는 만유인력의 법칙을 발견한 거지.

거인들의 어깨 위에서 보다

떨어지는 사과를 보고 만유인력의 법칙을 깨달았다는 이야기는 뉴턴의 천재성을 보여 주는 일화야. 하지만 근대 과학*을 탄생시킨 이 발견이 하늘에서 툭 떨어진 것일까?

"내가 남보다 더 멀리 볼 수 있었던 것은 거인의 어깨 위에 서 있었기 때문이다."

1676년, 뉴턴이 동료 과학자 로버트 훅에게 보낸 편지에 쓴 말이래. 자신의 발견은 이전까지 다른 과학자들이 이루어 놓은 성과를 바탕으로 얻은 결과라는 뜻이야. 뉴턴은 더 멀리 볼 수 있었던 것, 즉 만유인력을 발견할 수 있었던 것은 많은 과학자들의 연구 결과라는 '거인의 어깨' 위에 서서 생각할 수 있었기 때문이라고 생각했던 거지.

뉴턴이 말한 '거인의 어깨'는 구체적으로 무엇을 의미할까?

우선, 코페르니쿠스가 주장한 지동설, 갈릴레이가 망원경으로 발견한 사실과 자유 낙하 운동 법칙[*], 티코가 평생을 관찰하고 수집한 행성의 운동에 대한 자료를 들 수 있어. 거기에다 케플러가 밝혀낸 행성의 운동에 관한 법칙 등이 뉴턴의 발견에 도움이 되었지. 이러한 과정을 거쳐서 우주의 보편적 진리인 만유인력의 법칙이 탄생한 거야.

물론 사과가 땅으로 떨어지는 지상에서의 운동과 행성들이 태양을 중심으로 도는 천체의 운동을 같은 법칙으로 생각할 수 있었던 뉴턴이었기에 가능했지만 말이야, 누가 뭐래도 뉴턴이 대단한 과학자라는 사실만은 분명하지.

자유 낙하 운동 법칙

물체를 잡아당기는 지구의 힘에 의해 정지해 있던 물체가 땅바닥으로 떨어지는 운동 법칙.

만유인력의 법칙은 하늘에서 툭 떨어진 게 아니야.

만유인력의 법칙

케플러의 법칙
자유 낙하 운동 법칙
지동설

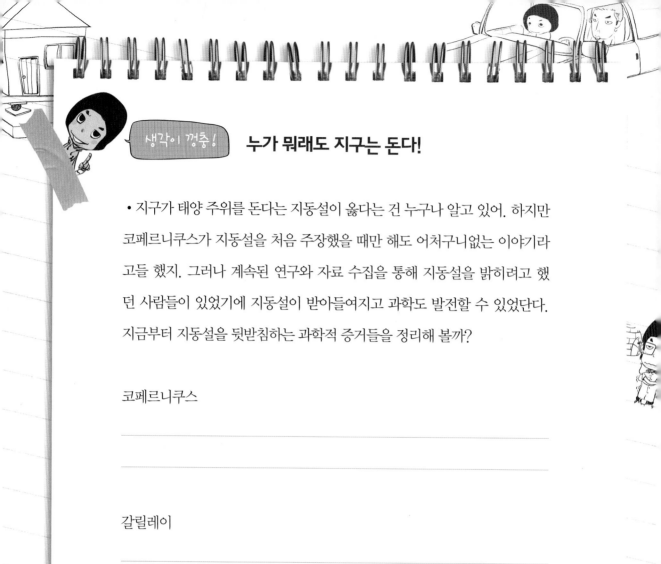

생각이 껑충! 누가 뭐래도 지구는 돈다!

• 지구가 태양 주위를 돈다는 지동설이 옳다는 건 누구나 알고 있어. 하지만 코페르니쿠스가 지동설을 처음 주장했을 때만 해도 어처구니없는 이야기라고들 했지. 그러나 계속된 연구와 자료 수집을 통해 지동설을 밝히려고 했던 사람들이 있었기에 지동설이 받아들여지고 과학도 발전할 수 있었단다. 지금부터 지동설을 뒷받침하는 과학적 증거들을 정리해 볼까?

코페르니쿠스

_____

_____

갈릴레이

_____

_____

케플러

_____

_____

네 과학자와의 대화

코페르니쿠스, 갈릴레이, 케플러, 뉴턴이 은하철도 999를 타고 우주여행을 하고 있어. 과학사에 길이 남을 위대한 과학자 네 명이 모였으니, 할 이야기가 참 많겠지? 지동설을 주장했던 코페르니쿠스부터 만유인력을 발견한 뉴턴까지 모두 자신이 어떻게 연구했고 무엇을 발견했는지, 이야기하고 싶어 해.

이제부터 자신이 은하철도 999를 타고 이 네 명의 과학자와 같이 여행한다 생각하고 이들의 연구에 대해 질문해 보자. (151쪽으로 가 봐!)

물음표 통통통

1. 옛날 사람들은 달을 보고 무슨 생각을 했을까?

2. 달에 흙먼지밖에 없다는 것을 언제, 어떻게
   알았을까?

3. 과학을 발전시킨 도구는 어떤 것들이 있을까?

은하수

구름 띠 모양으로 길게 흩
어져 있는 우주의 수많은 천
체 무리를 강에 비유하여 이
르는 말.

달나라에 토끼가 산다고?

푸른 하늘 은하수 하얀 쪽배에

계수나무 한 나무 토끼 한 마리

돛대도 아니 달고 삿대도 없이

가기도 잘도 간다 서쪽 나라로

누구나 한 번쯤은 불러 보았을 〈반달〉이라는 노래야. 강처럼 흐르는 은하
수* 사이에 떠 있는 달을 하얀 쪽배에 비유했지. 이 쪽배 안에는 계수나무 한
그루와 토끼 한 마리가 있다고 했네. 이런 상상은 어디서부터 시작된 걸까?

예부터 사람들은 직접 가 볼 수 없는 태양, 별과 달에 많은 관심을 가졌어.
그중에서도 달은 지구에서 가장 크게 보이는 천체이다 보니 더욱 특별하게 생각했지. 그래서 달 속에 무엇이 있을까 상상하기도 하고 달을 신성하게 여기기도 했단다.

옥토끼

달 속에 산다는 전설상의 토끼. 하얀 털빛이 특징이다.

우리 조상들은 달의 밝고 어두운 부분 때문에 생기는 무늬가 마치 절구를 찧는 토끼처럼 생겼다고 보았어. 그래서 달에는 계수나무가 있고 그 밑에서 옥토끼*가 절구를 찧고 있다고 생각했지. 강강술래를 할 때 부르는 노래에서 "저기 저기 저 달 속에 계수나무 박혔으니 옥도끼로 찍어 내어 금도끼로 다듬어서 초가삼간 집을 짓고 양친 부모 모셔다가 천년만년 살고 지고"라는 구절만 봐도 이러한 조상들의 생각을 살펴볼 수 있어.

그렇다면 상상으로만 그리던 달의 비밀을 밝혀내기 시작한 건 언제부터였을까?

달에 대한 진실이 밝혀지다

갈릴레이의 망원경

옛날 사람들은 하늘의 해와 달이 지구를 중심으로 돈다고 믿었다고 했지? 이것을 '천동설'이라고 해. 그때까지의 생각을 뒤집은 게 코페르니쿠스의 '지동설'이고 말야. 그 후 갈릴레이가 망원경으로 하늘을 관측해 지동설이 옳다는 것을 증명해 냈지.

그럼 갈릴레이가 망원경으로 하늘을 관측하던 시절로 돌아가, 그 모습을 자세히 살펴볼까?

1608년, 갈릴레이는 네덜란드에서 망원경이 발명되었다는 소식을 들었어. 멀리 있는 물건을 손에 잡힐 듯 가까이 있는 것처럼 볼 수 있다는 사실이 신기하기만 했지. 갈릴레이는 망원경으로 하늘의 별들도 자세히 볼 수 있으면 얼마나 좋을까 생각했어. 그때까지만 해도 하늘을 관측한다는 건 시력이 좋은 사람이 눈을 크게 뜨고 보는 정도가 고작이었거든.

갈릴레이는 하늘의 별처럼 멀리 있는 것도 자세히 볼 수 있는 망원경을 만들기 위해 노력했어. 그리고 눈으로 보는 것보다 약 30배나 더 크게 볼 수 있는 망원경을 만들어 냈지.

1610년 1월, 갈릴레이는 드디어 자신이 만든 망원경으로 하늘을 관찰했어. 그리고 그때까지 사람들이 달과 별에 대해 잘못 알고 있던 사실을 하나씩 바로잡았지.

그 당시 사람들은 달의 표면이 매끈할 거라고 생각했어. 하지만 망원경을 통해 바라본 달은 마치 소보로 빵처럼 표면이 울퉁불퉁했지. 직접 관찰할 수 없었기에 가능했던 달에 대한 추측과 상상은 갈릴레이가 달을 관측한 후부터 더 이상 힘을 얻지 못했어.

갈릴레이는 다른 행성도 살펴보았지. 모든 행성이 지구 주위를 돈다는 생각과는 달리, 목성에는 목성 주위를 도는 작은 위성*이 네 개나 있었어. 그리고 같은 밝기로 빛나고 있을 거라는 믿음과 달리, 목성은 위치에 따라 밝기가 달랐고 태양 곳곳엔 검은 점이 있었단다.

갈릴레이가 지동설을 증명해 낸 것도 망원경으로 관측한 덕분이었지. 금성이 달처럼 시간의 흐름에 따라 모양이 변한다는 것을 확인하면서 천동설이 틀렸다는 것을 보여 주었지.

이렇게 갈릴레이의 망원경은 사람들의 생각을 획기적으로 바꿔 놓는 계기가 되었단다.

세균

가장 작은 생물체. 박테리아 혹은 박테리아균이라고도 한다.

최초로 달에 착륙한 사람은?

1969년 7월 20일, 아폴로 11호가 달 착륙에 성공하면서 거기에 타고 있던 우주 비행사 닐 암스트롱과 버즈 올드린은 인류 최초로 달 표면에 발자국을 찍은 사람이 되었다.

▲ 아폴로 11호

과학과 기술은 친구

코페르니쿠스의 지동설이 갈릴레이의 망원경으로 힘을 얻었듯이, 과학적 주장은 그것이 얼마나 타당한지 보여 줄 수 있는 도구가 있어야 발전하게 된단다. 갈릴레이가 망원경을 발명한 이후 과학 발전을 이끈 도구로는 어떤 것들이 있을까?

현미경의 발명, 세균의 발견

밖에서 놀다 집으로 들어왔을 때, 밥 먹기 전, 화장실을 갔다 왔을 때 우리는 비누로 손을 싹싹 씻어. 손에 세균[*]이 많기 때문이야. 우리가 어떤 물건을 만졌을 때, 거기에 있던 세균이 내 손으로 옮겨지고, 그 세균은 내가 밥을 먹거나 눈을 비빌 때 몸속으로 들어갈 수 있단다. 내 눈에 보이지는 않지만 우

뜨아~ 세균이 득실득실하네!

리 주변은 물론 몸에도 많은 세균들이 있다는 사실이 놀랍지 않니? 그렇다면 눈에 보이지 않는 세균은 어떻게 발견했을까?

과학실에서 실험을 할 때 현미경을 사용해 본 적이 있을 거야. 맨눈으로 보기에 아주 작은 것도 현미경으로 보면 그 속이 어떻게 이루어졌는지 속속들이 알 수 있잖아. 눈에 보이지 않는 세균도 현미경이 만들어진 후에야 발견되었어.

네덜란드에서 안경점을 하던 한스 얀센이라는 사람이 볼록 렌즈 두 개를 겹쳐 만든 것이 최초의 현미경이야. 그 후 많은 사람들이 여러 방법을 이용해 현미경을 만들었지. 안톤 판 레이우엔훅도 현미경을 만들어 이것저것 관찰하기를 좋아하는 사람들 중 하나였어.

어느 날, 지붕 위에서 떨어진 물을 받다가 현미경을 통해 관찰한 레이우엔훅은 아주 작지만 미세하게 움직이는 무언가를 발견했어. 그는 이것에 가장 작은 동물이라는 뜻으로 '애니멀큐레이'라는 이름을 붙였는데, 이것이 오늘날 우리가 말하는 세균이야.

▲ 레이우엔 훅

또 하나의 발견, 세포

우리 몸은 셀 수 없이 많은 세포로 이루어져 있어. 키가 크고 살이 찌는 건 세포의 수가 늘어나기 때문이지. 또한 세포는 유전 정보*를 담고 있어서 내 키가 얼마나 클지, 내가 어떤 병을 가지고 태어날지를 결정할 수 있단다. 이렇게 중요한 세포는 눈에 보이지 않을 만큼 아주 작아. 그렇다면 누가 처음으로 세포를 발견했는지 알아볼까?

유전 정보
부모에게서 자식에게로 물려지는 모습이나 성질.

영국의 로버트 훅은 현미경으로 관찰하기를 좋아하던 과학자야. 여느 때와 다름없이 그날도 실험실에 있는 물건들을 현미경으로 들여다보던 중, 재미있는 사실을 발견했어. 포도주병의 뚜껑인 코르크 마개를 확대해 보니, 마치 작은 방들이 다닥다닥 붙어 있는 것처럼 생겼거든. 훅은 그 작은 방에 '셀(cell)', 즉 '세포'라는 이름을 붙였어. 그래서 처음으로 세포라는 개념이 생겨난 거지.

비록 살아 있는 생물의 세포는 아니었지만, 물체를 구성하는 작은 단위인 세포를 발견했다는 점에서 훅의 공로를 높이 살 수 있어.

현미경이 만들어진 뒤 눈으로는 볼 수 없던 세균과 세포를 발견하게 되었지? 세균과 세포가 발견되면서 의학은 무궁무진하게 발전하기 시작했어. 어떤 세균이 어떤 병을 옮기는지 연구하게 되었고, 세포 안의 어떤 부분이 유전을 결정하는지 알게 되었거든.

대물렌즈

물체에 가까운 쪽의 렌즈.

접안렌즈

눈으로 보는 쪽의 렌즈.

현미경의 종류

광학 현미경

일반적으로 말하는 현미경은 광학 현미경을 가리킨다. 광학 현미경은 관찰하고자 하는 표본에 빛을 비추어 그 표본을 통과한 빛이 대물렌즈*와 접안렌즈*를 통해 확대된 상을 관찰하도록 만들어져 있다.

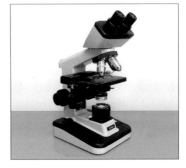

▲ 광학 현미경

전자 현미경

전자 현미경이란 물체를 비출 때 빛 대신 전자를 사용하는 장치이다. 보통 10만배 정도 크게 볼 수 있으므로 물체의 미세 구조를 관찰할 때 유용하다.

▲ 전자 현미경

들고 다니는 전기, 전지

오늘은 지나와 친구들이 등산 가는 날이야. 지나는 꼭 필요한 물건만 가방에 넣어 가려고 해. 신 나는 음악을 들으며 산에 오르려고 엠피스리(MP3)를 챙기고, 친구들과 추억을 남기기 위해 디지털카메라도 준비했어. 혹시 밤에 길을 잃을 수도 있으니 깜깜한 숲 속을 밝혀 줄 손전등도 가방 깊숙이 넣어 두었지. 맛있는 도시락은 물론이고 말이야.

앗, 가장 중요한 걸 빠뜨릴 뻔했네. 전자 제품의 밥인 전기가 없다면 애써 들고 간 물건들은 무용지물이 되고 말 거야. 그러니까 들고 다니는 전기인 '전지'를 꼭 챙겨야 해. 눈에 보이지 않는 전기를 전지에 담아서 언제 어디서나 사용할 수 있으니 정말 편리하지? 그런데 전지를 최초로 만든 사람은 누구일까?

볼타 전지: 전기가 계속 흐르게 하는 방법을 찾아라!

▲ 볼타 전지의 원리

추운 겨울, 털 스웨터를 입을 때 작은 빛이 후두둑 일어나며 따끔하게 쏘는 걸 느낀 적이 있지? 이 빛을 '정전기'라고 해. 정전기가 아주 잠깐 일어나는 것이라면, 우리 생활을 편리하게 만들어 주는 전기는 정전기가 계속 일어나는 상태라고 할 수 있어.

볼타는 전기를 만들고 모으는 방법을 연구한 과학자야. 정전기를 모아 전기를 만드는 장치를 만들기도 했지. 볼타의 발명품 중 가장 대단한 것은 전기를 계속 만들어 내는 '볼타 전지'야. 아연판과 구리판을 묽은 황산이 들어간 물에 담그고, 잠기지 않는 부분을 전선으로 연결하면, 전기가 계속 생긴다는 원리를 밝혀낸 거지. 볼타는 자랑스러운 발명품에 자신의 이름을 붙여 '볼타 전지'라고 했어.

다양한 전지들

볼타 전지의 원리를 이용한 것이 우리가 흔히 '건전지'라고 부르는 알칼리 전지야. 알칼리 전지의 음(−)극에는 아연이, 양(+)극에는 이산화망간이 들어 있어. 볼타 전지에서 묽은 황산에 아연과 구리를 담그듯, 알칼리 전지에서는 수산화칼륨에 두 금속을 담그는 거란다. 수산화칼륨이 알칼리 성질을 띠어서 '알칼리 전지'라고 부르는 거야.

▲ 볼타

전자 제품에 들어가는 건전지는 어느 정도 사용하고 나면 새것으로 바꿔 주어야 하잖아. 이렇게 다 쓰고 나면 더 이상 전기를 만들어 낼 수 없는 전지를

건전지

'1차 전지'라고 해. 휴대 배터리처럼 다 쓰고 나서 충전을 하면 다시 쓸 수 있는 전지를 '2차 전지'라고 한단다.

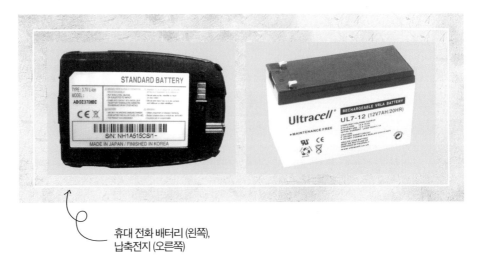

휴대 전화 배터리 (왼쪽),
납축전지 (오른쪽)

생각이 껑충! 만약 세상에 전기가 없다면?

• 전기를 계속 만들어 쓸 수 있게 되면서 다양한 전자 제품이 등장했어. 그 덕분에 우리 생활은 한결 편리해졌지. 생활 속에서 자주 쓰이는 전자 제품을 찾아보고, 만약 전기가 없어서 이것들을 못 쓰게 된다면 우리 생활은 어떻게 바뀔지 적어 보자.

사용하고 있는 전자 제품	이것이 없다면?

• 우리 생활을 크게 바꾸어 놓은 과학 기술에는 또 어떤 것들이 있는지 써 보자.

_____

_____

_____

갈릴레이에 대해 멋진 기사를!

내가 갈릴레이가 살던 시대의 신문 기자가 되었다고 상상해 봐. '갈릴레이 달의 표면을 관찰하다!'라는 주제로 신문 기사를 작성해 보는 거야. 갈릴레이가 발견한 것, 이 사건이 지니는 의미 등을 포함하여 육하원칙에 맞게 멋진 기사를 써 보자고. (158쪽으로 가 봐!)

물음표 통통통

1. 관찰을 하면 모르는 것도 알게 될까?

2. 촛불이 꺼지지 않고 타는 원리는 무엇일까?

3. 관찰로 발견한 과학적 사실에는 어떤 것이 있을까?

시험지를 보고 간 범인은?

　며칠 전, 소움즈 교수는 그리스 어 시험 문제를 만들어 인쇄소에 보냈다. 인쇄된 시험지를 받아 교정하던 소움즈 교수는 시험지를 책상 위에 둔 채 방문을 잠그고 친구를 만나러 갔지. 소움즈 교수가 방으로 돌아온 것은 약 한 시간 후였어. 그런데 나갔을 때와는 달리 방이 어지럽혀 있었어. 책상 위에 가지런히 놓여 있던 시험지는 한 장은 마룻바닥에, 한 장은 창문 쪽 탁자 위에, 또 한 장은 제자리에 놓여 있었지. 창가의 탁자 위에는 연필을 깎은 흔적과 부러진 연필심이 남아 있었어. 방 안에는 빨간 가죽을 씌운 작은 탁자가

길 크리스트
2층 학생, 키 185cm, 멀리뛰기
대표 선수, 공부도 잘하고 운동
도 잘한다.

다우라트 라스
3층 학생, 키 165cm, 인도 사람,
성적은 대체로 우수하나 그리스
어는 못하는 편이다.

마일즈 맥라렌
4층 학생, 키 170cm, 교내에서
손꼽히는 수재, 1학년 때 커닝을
해 퇴학당할 뻔한 적이 있다.

사환

회사나 가게 등에서 잔심부름
을 시키기 위해 고용한 사람.

하나 더 있었는데 그 위에는 7cm 정도의 홈이 깊게 패어 있었어. 그리고 그 옆에는 톱밥 같은 것이 섞인 작은 흙덩이가 있었지.

시험지가 교수의 방에 있다는 것을 아는 사람은 그것을 가지고 온 인쇄소 직원뿐이었어. 방 열쇠는 소움즈 교수와 사환*인 배니스터가 하나씩 가지고 있었는데, 배니스터는 얼마 전 열쇠를 잃어버렸다고 말했어. 배니스터는 아무래도 그것을 주운 사람의 소행 같다며 자신이 열쇠 관리를 잘못하여 이런 일이 벌어진 거라고 괴로워했어. 바닥에서 창문까지의 높이는 거의 2m나 되어 누군가 창문을 넘어 들어올 수도 없었지.

교수의 방이 있는 건물을 보면 1층은 교수 연구실, 2·3·4층은 학생들의 기숙사로 쓰였어. 그날 기숙사에 있던 학생들 중 그리스 어 시험을 치러야 하는 학생 세 명이 용의자로 지명되었지.

소움즈 교수의 방에 들어와 시험지를 보고 간 사람은 누구일까? 명탐정 홈즈*와 함께 이 사건을 해결해 보자!

돋보기를 들면 범인이 잡힌다!

홈즈처럼 샅샅이

지나와 홈즈가 범인을 잡기 위해 소움즈 교수의 방으로 찾아갔어. 자, 이제 우리도 돋보기를 들고 따라가 보자!

: 지나야, 이 방을 잘 살펴보렴. 시험지가 왜 흩어져 있는지 알겠니?

: 글쎄요. 한 장은 마룻바닥에, 한 장은 창문 쪽의 작은 탁자 위에, 또 한 장은 책상 위에 놓여 있긴 한데, 왜 이렇게 어지럽혀져 있죠?

: 아마 범인이 책상에서 시험지를 한 장씩 집어 창가의 탁자로 가지고 갔을 거야. 교수님이 안뜰을 거쳐서 건물에 들어올 거라고 생각해서, 안뜰을 보면서 시험 문제를 베끼려고 했겠지. 그런데 교수님은 안뜰을 거치지 않고 건물 옆쪽 입구로 들어오셨다고 해. 범인은 갑자기 교수님의 발소리가 들려오자 놀라서 시험지를 흐트러뜨리고 달아났던 거야.

: 아~ 시험지만 보고 그렇게 추리하시다니, 대단하세요! 앗, 여기 좀 보세요. 흙덩이가 떨어져 있어요.

: 아, 이게 교수님이 말한 흙덩이로군. 톱밥 같은 것이 섞여 있는 흙덩이가 바닥에 떨어져 있다고 하셨거든. 범인의 신발에서 떨어진 걸지도 몰라. 책상 위의 홈도 좀 볼까? 이거 참 이상한걸. 마치 뾰족한 송곳으로 여기저기 찔러 놓은 것 같잖아?

: 선생님, 이리 와 보세요. 침대 옆에도 흙덩이가 떨어져 있어요.

: 범인이 커튼 뒤에 숨어 있었던 모양이군.

: 이제 어떻게 범인을 찾죠?

: 이 방에 있는 모든 단서를 하나도 놓치지 않고 살펴본다면 범인을 밝혀낼 수 있을 거야! 꼼꼼하게 관찰하면 잘 모르던 것도 보이는 법이란다.

탐정

본래는 드러나지 않은 사정을 몰래 살펴 알아내는 사람을 뜻하는 말. 하지만 탐정 소설이 인기를 끈 후로는 풀리지 않은 사건을 해결하는 '사설 탐정'의 뜻으로 쓰인다. 《명탐정 코난》처럼 탐정을 주인공으로 한 만화도 인기를 끌고 있다.

범인은 바로 너!

잘 모르는 것도 세심하게 관찰하면 알 수 있게 된다는 탐정* 홈즈의 말, 잘 들었지? 그럼 지금까지 사건 현장에서 모은 단서들을 한번 정리해 볼까?

시험지가 교수의 방에 있다는 것을 아는 사람은 인쇄소 직원밖에 없다고 했지? 범인은 창밖을 지나가다가 방 안 책상 위에 놓인 시험지를 봤을지도 몰라. 바닥에서 창문까지의 높이는 2m 정도니까 키가 큰 사람이라면 볼 수 있었을 거야. 그럼 누가 가장 의심스럽지? 맥라렌의 키는 170cm고 인도 학생은 그보다 작으니, 지나가다가 방 안을 들여다볼 수 있는 사람은 키가 큰 크리스트밖에 없어. 그럼 크리스트와 방 안에서 발견된 단서들을 연결시켜 보자.

크리스트는 멀리뛰기 선수니까 운동장에서 멀리뛰기 연습을 하고 있었을 거야. 그러다 기숙사로 돌아오는 길에 우연히 교수 방 창문 너머로 그리스 어 시험지를 본 거지. 멀리뛰기 연습 때문에 그리스 어 시험공부를 충분히 하지 못했던 크리스트는, 나쁜 짓인 줄 알면서도 시험 문제를 베끼러 교수의 방에 들어간 거야. 빨간 가죽을 씌운 탁자에 스파이크를 놓고, 창가의 탁자로 시험지를 들고 가 시험 문제를 베껴 쓰기 시작했지. 소움즈 교수가 돌아오는 것을 살피기 위해 계속 안뜰을 내다보면서 말이야. 그런데 복도에서 누군가의 발소리가 들려왔고, 당황한 크리스트는 스파이크를 들고 침대 옆 커튼 뒤로 숨었을 거야. 책상의 홈은 스파이크 바닥의 못 때문에 생긴 자국이고, 방 안에 떨어져 있던 흙덩이는 스파이크에 묻어 있던 것이었지. 멀리뛰기를 할 때는 바닥을 푹신하게 만들기 위해 톱밥을 뿌리는데 그래서 흙덩이에 톱밥이 섞여 있었던 거야.

어때? 명탐정과 함께 단서들을 조합해 보니 범인이 누구인지 금방 찾을 수 있지? 이렇게 아무리 사소해 보이는 것이라도 돋보기를 들고 꼼꼼하게 살펴보면 그 속에 숨은 진실을 발견할 수 있단다.

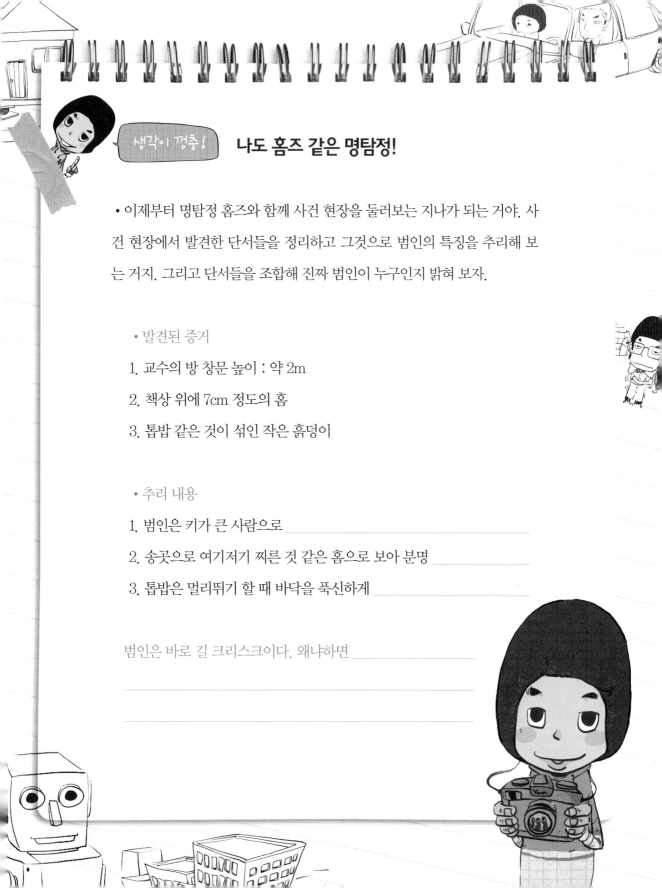

나도 홈즈 같은 명탐정!

생각이 껑충!

• 이제부터 명탐정 홈즈와 함께 사건 현장을 둘러보는 지나가 되는 거야. 사건 현장에서 발견한 단서들을 정리하고 그것으로 범인의 특징을 추리해 보는 거지. 그리고 단서들을 조합해 진짜 범인이 누구인지 밝혀 보자.

• 발견된 증거

1. 교수의 방 창문 높이 : 약 2m

2. 책상 위에 7cm 정도의 홈

3. 톱밥 같은 것이 섞인 작은 흙덩이

• 추리 내용

1. 범인은 키가 큰 사람으로 _____

2. 송곳으로 여기저기 찌른 것 같은 홈으로 보아 분명 _____

3. 톱밥은 멀리뛰기 할 때 바닥을 푹신하게 _____

범인은 바로 길 크리스크이다. 왜냐하면 _____

_____

_____

홈즈의 돋보기를 대 보자

초 한 자루에 담긴 과학

장마철에 폭풍우가 휘몰아쳐 정전이 된 적이 있니? 텔레비전을 볼 수도 없고 컴퓨터 게임을 할 수도 없어 정말 불편하잖아. 그중 가장 힘든 건 불이 들어오지 않아 한 치 앞도 볼 수 없다는 거야. 이럴 때 엄마는 서랍 깊숙이 넣어 두었던 초를 꺼내시지. 작은 촛불 하나가 방 안을 밝히는 모습을 보면 왠지 으스스하기도 하고, 새삼 전기가 참 편리한 것이구나 하는 생각도 들지.

그럼 이 작은 촛불에 홈즈의 돋보기를 대 보자. 그 속에 얼마나 놀랄 만한 과학이 숨어 있는지 샅샅이 찾아보자고.

초는 무엇으로 만들까

무엇으로 초를 만드는지부터 알아볼까? 최초의 초는 소의 지방부터 꿀벌이 벌집을 짓기 위해 분비하는 밀랍, 말린 생선에 이르기까지 다양한 재료로 만들었어. 그중 가장 구하기 쉬운 동물의 지방을 주로 사용했지. 18~19세기에는 향유고래*의 머리에서 뽑아낸 기름으로 초를 만들기도 했는데 재료를 구하기 힘들었던 만큼 그 무렵에는 초가 아주 귀한 것이었다고 해.

우리가 사용하는 흰 양초는 '파라핀'으로 만든 거야. 파라핀은 석유를 만들 때 나오는 것으로, 초를 만드는 데 쓰이는

양초

58

▲ 심지에 불을 붙인 모습

파라핀은 다른 용도로 쓰이는 파라핀과 구분하기 위해 '파라핀 왁스'라고 불러. 보통 기온에서는 고체 상태로 있다가 열을 가하면 물러지는 게 왁스 같다고 해서 붙여진 이름이지.

초에 불을 붙이는 부분을 '심지'라고 해. 면이나 나일론 등을 꼬아서 만들지. 그럼 불을 붙였을 때 타지 않냐고? 심지는 파라핀 왁스를 겉에 입혀 쉽게 타지 않도록 만들기 때문에 그런 걱정을 할 필요는 없어.

초가 타는 비밀을 알아보자

이제 초의 심지에 불을 붙이고, 초가 타는 모습을 관찰해 보자. 초가 녹으면서 액체가 되어 웅덩이를 만들지? 이 액체는 심지를 타고 올라가. 그리고 심지의 가장 윗부분에서 불이 붙으면 타는 거야. 액체는 타면서 열을 내뿜는데 그 열로 초가 녹아 액체가 되고, 그 액체가 다시 심지를 타고 올라가는 과정이 반복되어 촛불이 계속해서 타는 거란다.

심지는 면이나 나일론 등을 꼬아서 만들어.

심지

파라핀 왁스가 심지를 타고 올라가는 원리는?

파라핀 왁스가 심지를 타고 올라가는 것은 모세관 현상 때문이다. 식물의 뿌리
가 물을 빨아들여 줄기와 잎까지 전달하는 것이나, 알코올램프*의 심지가 알코
올을 빨아들이는 것과 같은 원리이다.

촛불을 켜 놓으면 초의 길이는 점점 짧아져. 파라핀 왁스가 계속 녹아서
액체가 되기 때문이지. 그럼 심지의 길이는 왜 짧아지는 걸까? 심지를 타고
올라간 파라핀 왁스가 다 탄 후에는 심지도 타기 때문이야.

여기서 생기는 또 하나의 궁금증! 왜 촛불은 심지 꼭대기에서만 타고, 아
래쪽까지 번지지 않는 것일까? 타고 있는 초를 거꾸로 들어 녹은 왁스가 심
지를 따라 흘러내리게 하면 촛불은 꺼져 버려. 한꺼번에 많은 양의 왁스가
불꽃에 닿으면 그것을 모두 가열할 시간이 없기 때문에 그런 거야. 초를 똑
바로 세웠을 때는 매우 적은 양의 왁스가 심지를 타고 천천히 올라가니까 불
꽃이 그 왁스를 모두 가열할 수 있어서 촛불이 꺼지지 않는 거지.

관찰, 관찰 또 관찰!

촛불을 찬찬히 살펴보니 초가 타는 비밀을 알 수 있겠지? 그만큼 관찰은
과학에서 빼놓을 수 없는 방법이야. 과학의 역사를 살펴보면 관찰로 새로운
사실을 발견한 사람들을 찾을 수 있어.

비타민 C도 관찰의 산물이야. 스젠트 기요르기라는 헝가리의 화학자는 바

오렌지, 바나나

나나를 관찰하다가 이상한 사실을 발견했어. 하루, 이틀이 지나자 바나나 껍질이 검게 변하는 것이었지. 오렌지 껍질은 오래되어도 좀처럼 색이 변하지 않는데 말이야. 그는 당장 오렌지 껍질과 바나나 껍질을 분석해 보았어. 그 결과 오렌지 껍질에는 있지만 바나나 껍질에는 없는 성분을 찾아냈지. 바로 식물의 색을 변하지 않게 하는 비타민 C를 발견한 거야.

이번에는 파란 하늘을 관찰했던 과학자에 대해 알아볼까? 수많은 사람이 하늘을 쳐다보았지만 하늘이 왜 파란지는 누구도 의문을 갖지 않았어. 여기에 의문을 가졌던 최초의 인물은 영국의 물리학자 존 틴들이야. 그는 하늘의 푸른빛이 대기 중의 먼지나 다른 입자들에 부딪혀 흩어지는 햇빛에 의해 결정된다는 것을 밝혀냈지. 그가 개발한 몇 가지 기술은 오늘날 우리가 대기 오염도와 물의 청정도를 측정하는 데 쓰이고 있단다.

파란 하늘

똑똑한 비타민 C, 괴혈병을 예방하다

괴혈병에 걸리면 쉽게 멍이 들고 잇몸 출혈이 생긴다. 또 피부가 거칠어지고 근육이 약해지며 상처가 잘 아물지 않는다. 괴혈병과 비타민 부족 사이의 연관 관계를 밝혀낸 사람은 영국 해군 군의관이었던 제임스 린드이다. 그는 선원들에게 레몬, 라임, 오렌지를 충분히 주면 괴혈병이 예방된다는 것을 사례를 통해 증명했다. 그 후 비타민 C로 괴혈병을 예방한 영국 해군을 '라임군'이라고 불렀다.

비타민이라고 다 같은 비타민이 아니야!

비타민이란 동물체의 생명 활동을 위해 반드시 필요하지는 않지만, 동물이 정상적으로 자라거나 생리 작용을 유지하기 위해 필요한 물질을 말한다. 비타민류 가운데 물에 녹는 성질을 가진 비타민 B류나 비타민 C류를 '수용성 비타민'이라 한다. 반면 지방을 녹일 수 있는 물질인 유기 용매에는 녹지만 물에는 녹지 않는 비타민을 '지용성 비타민'이라 한다. 지용성 비타민에는 비타민 A, D, E, F, K 등이 있다.

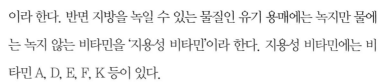

쪼개고 분석하고! 섬세하게 촛불 관찰하기

• 지금부터 촛불을 하나 켜고 3분 동안 자세히 살펴보자. 그리고 사진을 찍은 것처럼 진짜 촛불과 똑같이 그려 보는 거야. 너의 섬세한 관찰력을 보여 줘.

• 이제 네가 그린 그림을 아주 구체적으로 설명해 봐. 모양, 색깔, 크기, 인상적인 부분 등을 자세히 써 보는 거야.

하늘까지 점프! **촛불과의 인터뷰**

촛불을 자세히 관찰하다 보면 촛불에 대해 궁금한 것이 마구 떠오를 거야. 왜 촛불은 밝은 빛을 내는 것일까? 촛불은 타고 나면 어떻게 되는 걸까? 지금부터 궁금한 것을 적어 보고 직접 촛불에게 물어보는 거야. 그리고 질문을 받은 촛불이 들려주는 대답도 같이 적어 보자. 열심히 공부했으니 잘할 수 있겠지? (163쪽으로 가 봐!)

• 물어보고 싶은 것

1. _____

2. _____

3. _____

4. _____

5. _____

라듐의 발견 05
발견의 즐거움

물음표 퉁퉁퉁

1. 과학자들은 어떻게 새로운 사실을 발견했을까?

2. 과학자들에게 새로운 발견이란 어떤 의미일까?

3. 마리·퀴리는 어떤 과정을 통해 라듐을 발견했을까?

콜럼버스

이탈리아 탐험가인 콜럼버스는 에스파냐 이사벨 여왕의 도움을 받아 인도를 찾으러 탐험을 떠났다. 그 과정에서 쿠바, 자메이카, 도미니카, 남아메리카, 중앙아메리카에 도착하였다.

신대륙 발견? 진짜 발견?

지구가 둥글다는 것을 증명하기 위해 항해를 시작한 이탈리아의 탐험가 크리스토퍼 콜럼버스*이야기를 알고 있니?

그 시절 사람들은 수평선 너머는 낭떠러지라고 생각했어. 하지만 콜럼버스는 지구가 둥글기 때문에 수평선을 넘어가도 바다는 계속되며 결국 지구 반대편에 닿을 수 있다고 믿었지. 콜럼버스는 자신의 생각을 증명하기 위해 항해를 시작했고, 수평선을 넘어 낭떠러지 아래로 떨어지는 대신 대륙에 도착할 수 있었단다. 그는 자신이 도착한 곳이 인도라고 생각해 그곳 원주민을 '인디언'이라고 불렀지만, 그건 콜럼버스의 착각이었어. 그 땅은 인도가 아니라 그때까지 발견되지 않았던 신대륙이었거든. 이 사실을 알아낸 탐험가는 아메리고 베스푸치라는 사람으로, 그 까닭에 '아메리카'라는 지명이 생겨난 거란다.

콜럼버스와 베스푸치는 당시 세상에 알려지지 않았던 새로운 사실을 발견

해 냈어. 이들의 발견과 과학자들의 발견은 같은 것일까? 다른 것일까? 그리고 세상을 바꿔 놓은 발견에는 또 어떤 것들이 있을까?

신비한 광선들

엑스선의 발견

친구들과 신 나게 축구를 하던 지나가 운동장 한가운데의 돌부리에 걸려 넘어졌어. 제대로 걸을 수도 없을 만큼 아파서 당장 병원에 갔지. 가장 먼저 뼈에 금이 갔는지, 부러졌는지를 알아보기 위해 엑스레이(X-ray)로 몸속 사진을 찍었단다. 다행히 뼈는 다치지 않았고 근육이 놀란 것뿐이라고 해 얼음찜질을 하고 집으로 돌아왔어.

이렇게 우리 몸속을 훤히 들여다볼 수 있다니, 엑스레이란 참 편리하고 신기하지? 엑스레이는 엑스선이 빛처럼 몸을 통과하면서 몸 안의 모습을 필름에 찍어 내는 거야. 그럼 몸 안을 통과하는 빛, 엑스선이 어떻게 발견되었는지 알아볼까?

뢴트겐

뢴트겐이 찍은
아내의 손 사진

1895년 어느 날, 독일의 물리학자 빌헬름 뢴트겐은 음극선을 금속판에 쏘는 실험을 하고 있었어. 음극선이란 전자의 흐름인데, 공기가 거의 없는 유리관에 전기를 흘렸을 때, 그 전기가 유리관 속의 빈 공간에서 이동하는 것을 말해. 그러다 음극선이 반대편 금속 판에 부딪혔을 때 종이도 뚫고 지나갈 정도로 강한 빛이 나온다는 것을 알게 되었고, 그 빛으로 아내의 손을 찍어 보았지. 그랬더니 뼈와 근육은 물론이고 손가락에 끼고 있던 반지까지 선명하게 찍힌 거야.

뢴트겐은 이 빛에 '아직 정확하게 알 수 없는 빛'이라는 뜻을 담아 '엑스선'이라는 이름을 붙였어. 그리고 엑스선을 발견한 업적으로 노벨 물리학상을 받게 되었지.

베크렐선의 발견

엑스선처럼 몸을 통과하는 빛이 또 하나 있어. 바로 '방사선'이라는 빛이야. 엑스선이 몸속을 보여 주기만 한다면 방사선은 몸속의 나쁜 종양을 없애 주는 역할까지 해. 그럼 방사선이 발견된 순간으로 돌아가 볼까?

프랑스의 물리학자 베크렐은 뢴트겐이 엑스선을 발견했다는 소식을 듣고, 몸속을 통과하는 다른 빛을 찾기 위해 실험을 시작했어.

▲ 베크렐

그러던 어느 날, 실험 재료가 들어 있던 서랍을 열어 보다가 신기한 사실을 발견했지. 금속판에 십자가 모양이 찍혀 있었던 거야. 원인을 알기 위해 서랍 안을 살피던 베크렐은 우라늄* 광석에서 나오는 빛이 금속판 위에 놓여 있던 구

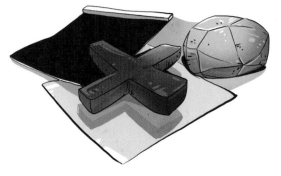

리 십자가를 통과해, 금속판 위에 십자가 모양이 찍힌 거라는 결론을 내렸지.

베크렐은 우라늄에서 나오는 빛을 자신의 이름을 따 '베크렐선'이라고 불렀는데, 이것이 오늘날 우리가 사용하는 방사선이야.

생각이 껑충!

신대륙 발견 vs. 엑스선 발견

• 신대륙 발견과 엑스선 발견의 공통점과 차이점은 뭘까?

공통점 : ＿＿＿＿＿＿＿＿＿＿＿＿＿＿＿＿＿＿＿＿＿

＿＿＿＿＿＿＿＿＿＿＿＿＿＿＿＿＿＿＿＿＿

차이점 : ＿＿＿＿＿＿＿＿＿＿＿＿＿＿＿＿＿＿＿＿＿

＿＿＿＿＿＿＿＿＿＿＿＿＿＿＿＿＿＿＿＿＿

• '과학적 발견'에 대한 너의 생각을 한 문장으로 표현해 볼래?

과학적 발견은 ＿＿＿＿＿＿＿＿＿＿ (이)다.

왜냐하면 ＿＿＿＿＿＿＿＿＿＿＿＿＿＿＿＿＿＿

＿＿＿＿＿＿＿＿＿＿＿＿＿＿＿＿＿＿＿＿＿

＿＿＿＿＿＿＿＿＿＿＿＿＿＿＿＿＿＿＿＿＿

피치블렌드

섬우라늄석의 하나로, 라듐과 우라늄의 주요 광석이다. 마리 퀴리가 이 광석에서 라듐을 처음 발견한 것으로 유명하다.

발견하는 즐거움

노벨상 2관왕, 마리 퀴리

새로운 원소의 발견

마리 퀴리도 방사선 연구에 관심을 가진 과학자 중 한 사람이었어. 그녀는 베크렐과 뢴트겐이 찾은 것보다 더 센 방사선을 찾고자 연구를 시작했어. 우라늄과 다른 원자들로 이루어진 피치블렌드*라는 광석을 꼼꼼히 분석했지. 그리고 그 안에 우라늄보다 훨씬 센 방사선을 가진 원자가 있을 것이라고 예

▲ 마리 퀴리

상했어. 마리 퀴리는 남편과 함께 자신의 생각을 증명하기 위한 기나긴 실험에 들어갔단다.

피치블렌드를 갈고 녹이는 힘든 과정을 반복한 지 4년 만에, 퀴리 부부는 그 속에서 새로운 원소를 발견했어. 우라늄보다 더 센 방사선을 내뿜고 있는 이 원소에, 마리 퀴리는 자신의 조국 폴란드의 이름을 따 '폴로늄'이라는 이름을 붙여 주었어. 그리고 새로운 원소를 발견한 공로를 인정받아 퀴리 부부는 노벨 물리학상을 받게 되었지.

마리 퀴리의 실험은 여기서 그치지 않았어. 피치블렌드에는 폴로늄보다 더 강력한 방사선을 가진 원자가 있을 거라고 생각했거든. 아직 발견하

지 못한 원자였지만 '라듐[*]'이라는 이름을 붙이고, 라듐을 찾기 위해 다시 한 번 기나긴 연구를 시작했단다. 폴로늄을 발견한 것처럼 4년 동안 힘든 연구를 계속한 끝에 라듐을 얻어 냈어. 이번에는 마리 퀴리 혼자서 노벨 화학상을 받게 되었단다.

라듐
방사선을 내는 은빛 금속. 물리 화학 실험이나 암을 치료하는 데 쓴다.

성공과 불행을 동시에

마리 퀴리의 방사능 연구는 노벨상 수상이라는 영광을 가져다줬지만 또 다른 결과를 낳기도 했단다. 오늘날에는 방사성 물질이 얼마나 위험한지 잘 알려져 있어. 그래서 방사선을 이용하는 곳에선 몸을 보호하는 옷인 '방호복'을 입지.

하지만 마리 퀴리가 살던 시대는 방사성 물질에 대해 제대로 알려진 것이 없었어. 마리 퀴리는 방사능으로 오염된 실험실에서 방사성 물질을 손으로 만지면서 가열했고, 심지어 침대 머리맡에 두고 잠들 때까지 바라보는 날도 많았다고 해. 마리 퀴리의 몸은 강력한 방사선을 오랫동안 쐬였던 탓에 망가지게 되었고, 그로 인해 숨을 거두고 말았어.

자신의 인생을 걸고 연구한 방사선이 노벨상이라는 기쁨을 안겨 준 동시에 목숨을 잃게 만들기도 한 거야.

방호복

파인먼, 발견의 즐거움을 말하다

마리 퀴리처럼 새로운 과학의 발견에 푹 빠진 사람이 또 있었어. 노벨 물리학상을 받은 리처드 파인먼이 바로 그 사람이지.

먼저 기자와 파인먼이 인터뷰한 내용을 살짝 들여다볼까?

: 파인먼 박사님, 노벨상 수상을 축하드립니다. 박사님께 노벨상은 어떤 의미인가요?

: 노벨상에 대해서는 아는 게 없어요. 뭘 보고 주는 상인지, 무슨 가치가 있는지 나는 모르겠습니다. 그건 목에 걸린 가시 같은 거예요. 결코 내가 원하는 것은 아니죠. 나는 내가 한 일이 가치가 있다는 것을 알고 있어요. 그 가치를 인정하는 사람들이 있고, 전 세계 물리학자들이 내 연구를 이용하고 있으니까요. 나는 그걸로 충분합니다. 나의 연구 결과가 노벨상을 받을 만하다고 인정받는 것이 무슨 의미가 있다고 보진 않아요. 나는 그 이전에 상을 받았으니까요. 바로 무엇인가를 발견하는 즐거움입니다. 사물의 이치를 깨닫는 짜릿함, 남들이 내 연구 결과를 활용하는 모습을 보는 것, 그것이 진짜 상이죠.

파인먼은 노벨상보다 '무엇인가를 발견하는 즐거움', '사물의 이치를 깨닫는 짜릿함'이 더 중요하다고 했어. 마리 퀴리도 마찬가지가 아니었을까? 오랜 시간 연구에 매달릴 수 있었던 건 노벨상이나 다른 사람의 인정을 받기 위해서가 아니라 자신의 호기심을 푸는 재미에 빠졌기 때문일 거야. 호기심을 가지고 현상을 연구하고, 비틀어 보고, 다시 생각하고, 질문하면서 새로운 사실을 발견하는 과정에서 느끼는 즐거움 말이야. 발견의 순간에 느끼는 즐거움은 수많은 과학자가 어려움 속에서도 연구를 포기하지 않고 끝까지 나아가게 하는 원동력이 된단다.

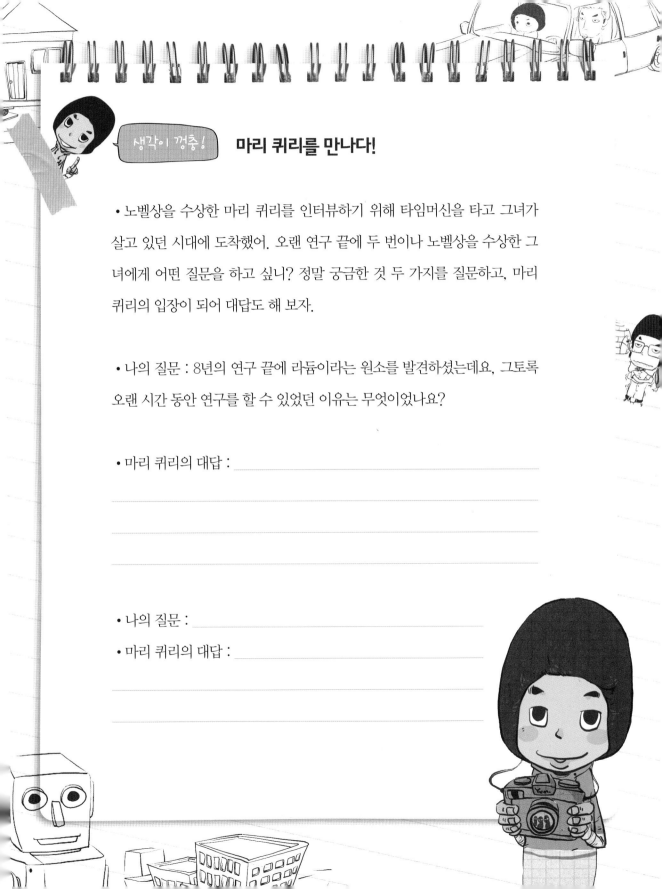

생각이 껑충!

마리 퀴리를 만나다!

• 노벨상을 수상한 마리 퀴리를 인터뷰하기 위해 타임머신을 타고 그녀가 살고 있던 시대에 도착했어. 오랜 연구 끝에 두 번이나 노벨상을 수상한 그녀에게 어떤 질문을 하고 싶니? 정말 궁금한 것 두 가지를 질문하고, 마리 퀴리의 입장이 되어 대답도 해 보자.

• 나의 질문 : 8년의 연구 끝에 라듐이라는 원소를 발견하셨는데요, 그토록 오랜 시간 동안 연구를 할 수 있었던 이유는 무엇이었나요?

• 마리 퀴리의 대답 : _____

_____

_____

_____

• 나의 질문 : _____

• 마리 퀴리의 대답 : _____

_____

하늘까지 점프! **스스로 빛을 내는 라듐을 발견한 날**

늦은 밤에 실험실을 다시 찾은 마리 퀴리. 실험실 문을 열고 어두운 실내에서 밝은 빛을 내는 라듐을 발견한 순간, 그녀는 어떤 생각을 했을까? 머릿속으로만 생각해 왔던 것을 실제로 발견했다는 기쁨과 함께 이제까지의 노력과 그에 따른 어려움들도 떠올랐겠지? 네가 마리 퀴리가 됐다고 생각하고 라듐을 발견하던 그 순간의 마음을 시로 표현해 볼래? (168쪽으로 가 봐!)

물음표 통통통

1. 다윈의 자연 선택이란 무엇일까?

2. 생존 경쟁은 피할 수 없는 걸까?

3. 침팬지가 진화하면 사람이 될 수 있을까?

물레방아

떨어지는 물의 힘으로 바퀴를 돌려 곡식을 찧거나 빻는 기구.

어린이는 모르는 어른들의 추억 속 물건

박물관에 견학을 간 지나, 나우, 라이 삼총사! 지나와 나우, 라이는 휴일을 맞아 박물관에 견학을 갔어. 신기한 것들이 너무 많아서 정신없이 구경하던 라이와 나우는 어디에 쓰는 건지 도저히 알 수 없는 물건을 발견했지. 아무리 궁리를 해도 무슨 물건인지 알 수 없었던 라이와 나우는 지나에게 물어보기로 했어.

: 지나야, 여기 들어 있는 건 어디에 쓰는 물건이야?

: 내가 힌트를 줄 테니까 한번 맞혀 볼래?

: 좋아, 라이야. 누가 먼저 맞히는지 보자고.

: 첫 번째 힌트. 이건 손잡이를 돌려서 사용하는 거야.

: 혹시 손으로 돌리는 미니 물레방아*아냐?

: 땡~ 틀렸어. 다음 힌트. 손잡이를 돌리면 바람이 나와.

: 그럼 옛날식 선풍기. 손잡이를 돌리면 시원한 바람이 나와 땀을 식혀 주는 거지.

: 재밌는 아이디어지만 정답은 아니야.

: 그럼 대체 뭐니?

: 이것은 바로… '풍로'야.

: 풍로?

: 응, 풍로. 나우의 할머니 시절에는 집집마다 부엌에 풍로를 두고 있었어. 그런데

76

지금은 박물관에 가야만 볼 수 있는 물건이 되었네. 왜 옛날엔 유용하던 물건이 지금은 필요 없게 된 것일까?

아궁이

방이나 솥 등에 불을 때기 위하여 만든 구멍. 장작을 넣고 불을 붙여 사용한다.

사라져 가는 것들

풍로, 넌 누구냐?

여름에 친구들과 캠프를 갔어. 신 나게 물놀이도 하고 등산도 했지. 그리고 밤이 되자 캠프파이어를 할 준비를 했어. 모닥불을 피우기 위해 등산할 때 주워 온 나뭇가지들을 한데 모으고 불을 붙였지. 하지만 나뭇가지가 너무 굵어서 그런지 불이 쉽게 붙지 않는 거야. 이 모습을 본 선생님께서는 종잇조각을 꺼내 거기에 불을 붙이시더니 그것을 나뭇가지 더미에 넣으셨지. 그러고는 부채를 꺼내서 부채질을 하시는 거야. 그러자 종잇조각이 타오르면서 나뭇가지에도 불이 옮겨 붙어 모닥불이 활활 타오르기 시작했어.

옛날에는 전기밥솥 대신 아궁이에 불을 지펴서 밥을 했어. 아궁이*에 불을 지피는 방법은 모닥불을 피우는 방법과 같아. 마른 솔잎이나 풀에 불을

아궁이 (왼쪽),
풍로 (오른쪽)

붙여 아궁이에 넣어 둔 장작 더미에 넣는 거지. 그리고 바람을 일으켜 불씨를 키우기 위해 풍로 손잡이를 잡고 힘차게 돌리는 거야.

이렇게 밥을 짓는 데 꼭 필요한 물건이니 아궁이에 불을 지펴 밥을 해 먹던 시절엔 어느 집 부엌에서나 볼 수 있었단다. 하지만 지금은 풍로를 찾아보기 힘들어. 더 편리한 도구들이 생겨나 아궁이에 불을 지피지 않아도 손쉽게 밥을 할 수 있기 때문이지.

풍로의 진화

풍로는 한순간에 없어진 게 아니야. 풍로보다 점점 나은 것이 만들어지면서 서서히 없어졌지.

아궁이에 불을 지펴 밥을 짓는 건 여간 불편한 일이 아니었어. 불을 지피려면 산에서 나무를 해다 적당한 크기로 잘라 장작을 만들어 부엌 한쪽에 차곡차곡 쌓아 두어야 했지. 바람 부는 날 불을 지피면 연기가 밖으로 나와 재를 까맣게 뒤집어쓰기도 했어. 그러다가 석유풍로가 등장하면서 아궁이에 불을 지피는 불편함에서 벗어나게 되었지.

석유풍로

석유풍로는 석유로 불이 붙이는 가스레인지라고 생각하면 이해하기 쉬워. 석유풍로 위에는 냄비나 프라이팬을 바로 올려서 쓸 수 있어. 이렇게 편리한 석유풍로가 부엌을 차지하게 되자 아궁이는 점차 사라져 갔단다. 덩달아 아궁이에 바람을 일으키던 풍로도 모습을 감추게 되었어.

석유풍로도 단점은 있어. 석유가 다 떨어지면 직접 넣어 주어야 하니 불편하고, 또 불이 날 위험도 있었지. 그리고 석유 냄새가 진동하는 것도 참기 힘들었어. 이런 점을 보완해서 만든 것이 오늘날 널리 쓰이고 있는 가스레인지야. 가스레인지는 호스로 가스를 공급하기 때문에 냄새가 나거나 사고가 생기는 것을 막을 수 있지.

풍로가 석유풍로로 바뀌고 다시 더 편리한 가스레인지로 바뀌었지? 이렇게 쓸모없거나 불편한 것들이 시간이 지나면서 사라지거나 더 편리하고 유용한 것만 남게 되는 과정을 '진화'라고 해. 진화는 지금도 계속해서 일어나고 있지. 하지만 진화는 풍로 같은 물건에만 해당되는 것은 아니야. 사람이나 동물의 신체 기관도 생존에 더 필요한 부분만 남게 되는 진화의 과정을 겪는단다.

가스레인지

이것은 뭐지?

• 풍로처럼 옛날에는 쉽게 볼 수 있었던 물건 중에 이제는 찾아보기 힘든 것
도 많아. 아래 물건도 그중 하나인데, 무엇일까?

이것은 _____

• 이 물건은 어디에 사용하는 걸까?

_____

• 오늘날 이 물건을 대신하는 것은 무엇일까?

_____

진화의 비밀

라마르크의 용불용설 vs. 다윈의 자연선택

풍로가 더 나은 기능을 가진 물건으로 진화하는 과정을 잘 살펴보았지? 그럼 이제 사람이나 동물이 어떻게 진화하는지 알아볼까?

진화는 크게 두 가지로 설명할 수 있는데, 그중 하나가 라마르크의 '용불용설'이야. 이건 사람이나 동물이 가지고 있는 신체 기관 중에 자주 사용하는 것은 발달하고, 잘 사용하지 않는 것은 없어진다는 주장이지. 기린을 예로 들어 볼게. 목이 길다는 게 기린의 특징이지? 하지만 아주 옛날에는 기린의 목도 말의 목과 비슷한 길이였다고 해. 라마르크는 목이 짧았던 기린이 높은 곳의 나뭇잎을 먹으려고 자꾸 목을 빼다가 결국 목이 길어졌다고 설명했지. 그리고 긴 목이

변이

같은 종에서 성별, 나이와 관계없이 모양과 성질이 다른 개체가 존재하는 현상. 유전적으로 타고나는 '유전변이'와 환경의 영향을 받아 생기는 '환경변이'가 있다.

후손에게 유전되어 지금처럼 모든 기린의 목이 길어졌다는 거야.

어때, 라마르크의 말이 사실인 것 같니? 처음에는 라마르크의 주장은 옳다고 받아들여졌어. 하지만 살아가면서 얻게 된 신체적 특징은 다음 세대로 유전되지 않는다는 사실이 밝혀지자 이내 힘을 잃고 말았지.

진화에 대한 또 다른 입장은 다윈의 '진화론'이야. 다윈은 생존하기에 유리한 특징(변이)*만이 다음 세대로 유전된다고 했어. 얼핏 보면 라마르크의 주장과 비슷한 것 같다고? 다윈의 입장에서 기린의 목이 긴 이유를 설명할 테니 잘 들어 봐.

아주 옛날에는 기린의 목이 지금처럼 길진 않았지만, 다른 기린보다 목이 더 긴 기린은 있었어. 시간이 지나면서 기린의 수가 많아지자 낮은 곳에 있는 나뭇잎은 금세 동이 났지. 그래서 높은 곳에 있는 나뭇잎을 뜯어먹을 수 있는 목이 긴 기린들만 살아남을 수 있었어. 이렇게 생물의 수는 늘어나는데 먹이는 한정되어, 누군가는 죽고 누군가는 살아남는 것을 '생존 경쟁'이라고 해. 생존 경쟁에서 살아남은 목이 긴 기린들은 목이 긴 새끼를 낳았어. 그 새끼들 중에서도 목이 더 긴 기린만이 살아남았지. 이런 일이 오랜 시간 동안 되풀이되면서 지금처럼 목이 아주 긴 기린이 나타난 거야. 다윈은 이런 현상을 '자연 선택'이라고 했어.

진화론이 어떤 것인지 알 수 있겠지? 그럼 이제 직접 다윈을 만나 진화론에 대해 더 자세히 알아보자.

생존을 위한 투쟁

👧 : 다윈 박사님, 안녕하세요? 진화론을 공부하다 궁금한 것이 있어 찾아왔어요. 생물의 수가 많아지면 먹이가 부족해져서 먹이를 얻기에 유리한 특성을 가진 생물만 살아남는다고 하셨잖아요. 이런 생존 경쟁은 피할 수 없는 건가요?

👴 : 생존 경쟁은 절대 피할 수 없단다. 왜냐하면 모든 생물은 늘어나는 수가 너무 많기 때문이야.

👧 : 늘어나는 수가 많다고요? 어떻게요?

👴 : 식물을 예로 들어 설명해 볼게. 한 해 동안 씨앗을 두 개씩 만드는 식물이 있다고 해 보자. 1년이 지나면 씨앗에서 식물이 자라고, 각각 씨앗을 두 개씩 만들겠지? 그럼 씨앗은 총 네 개가 되고, 거기서 자란 네 개의 식물은 각각 두 개씩 총 여덟 개의 씨앗을 만들어 낼 거야. 이런 일이 20년 동안 반복된다고 생각해 봐. 식물의 수는 어마어마하게 늘어나 있겠지?

👧 : 아~ 그렇게 생물의 수가 늘어나면 먹이가 부족해지니까 생존 경쟁을 벌일 수밖에 없는 거군요.

👴 : 그렇지. 나우가 아주 잘 이해하고 있구나.

👧 : 그럼 생물의 수가 줄어드는 건 먹이가 부족할 때뿐인가요?

👴 : 그렇지 않아. 다른 생물에게 잡아먹히거나, 전염병이 돌거나, 어마어마한 양의 비가 내리거나, 너무 오랫동안 가뭄이 계속되는 등 여러 가지 이유로 생물의 수는 줄어들 수 있어. 이러한 어려움을 이겨 내고 살아남는 것을 '생존경쟁'이라고 한단다.

👧 : 그럼 사자가 토끼를 잡아먹는 것처럼 다른 종들 사이에서 일어나는 생존 경쟁이 가장 치열하겠군요?

생물들이 경쟁 없이 살 수는 없을까?

: 아니란다. 가장 심한 경쟁은 같은 종의 생물들 사이에서 일어나. 왜냐하면 그들은 같은 곳에 살고, 같은 먹이를 필요로 하며, 같은 위험에 놓이기 때문이지.

: 그렇다면 지금 이 순간에도 모든 생물이 살아남기 위해 서로 경쟁하고 있는 건가요? 왠지 으스스해요.

: 생존 경쟁은 다른 생물과 경쟁해 나만 살아남는 것만 뜻하지는 않는단다. 사막에 있는 선인장을 예로 들어 볼까? 원래 선인장은 가시가 아닌 잎을 가지고 있었어. 식물의 잎에서는 식물 안에 있던 물이 증발하지. 물을 얻기 힘든 사막에서는 몸속의 물이 증발하는 것을 막아야 하니까 넓적한 이파리는 뾰족한 가시로 바뀌게 되었지. 이렇게 살기 힘든 환경에 적응하기 위해 스스로 모습을 바꾸는 것도 생존 경쟁이라 할 수 있어.

: 아~ 그렇군요. 그럼 생존 경쟁을 거쳐 진화가 일어나려면 얼마나 많은 시간이 걸리나요?

: 진화는 우리가 알아차리지 못할 만큼 서서히, 긴 시간에 걸쳐 일어난단다. 이 땅 위의 모든 생명체는 미생물이라는 아주 작은 세포 하나에서 시작되었어. 그 작은 세포가 조금씩 서로 다른 방식으로 진화해 지금 우리 주변에서 볼 수 있는 동식물이 된 거야. 진화가 얼마나 오랜 시간이 걸리는 일인지 알겠지?

: 지금도 진화는 이루어지고 있는 건가요?

: 물론이야. 북한산 인수봉도 원래는 땅 속 깊은 곳에서 만들어졌지. 2억 년이라는 긴 시간이 흐르면서 그 위의 흙이 다 깎여 나가서 만들어진 거란다. 우리는 인수봉의 높이가 변화하고 있다는 것을 느끼지 못하듯, 진화는 오랜 시간 동안 우리가 모르는 사이에 계속 이루어지는 거야.

: 그렇군요. 감사합니다. 이제 현재로 돌아가서 진화의 흔적을 찾아봐야겠어요.

사람이 침팬지와 형제라고?

  사람과 가장 비슷한 동물은 무엇일까? 아마 원숭이나 침팬지 같은 동물이 떠오를 거야. 네 발로 기어 다니는 다른 동물과 달리 두 발로 걷고 손가락, 발가락을 자유롭게 사용하는 모습은 사람과 가장 비슷해. 그래서인지 옛날 사람들은 침팬지가 진화하여 인간이 된 것이라고 생각하기도 했어. 생물의 분류를 살펴보면 침팬지와 사람은 같은 '사람과'지만, 침팬지가 아무리 진화해도 사람이 될 수는 없단다.

  다윈은 침팬지가 인간의 조상이 될 수 없다는 것을 보여 주기 위해 '생명의 큰 나무'를 그렸어. 생명의 큰 나무는 생물 분류에서 '강'에 속하는 모든 생물의 관계를 큰 나무로 나타낸 거야. 강은 생물 분류[*]에서 '문' 바로 밑에 있는 단계야. 척추동물문을 예로 들면 양서류, 파충류, 조류, 포유류 등 비교적 커다란 생물의 무리가 하나의 강으로 분류되지. 나무에 비유해 보면 마지막까지 뻗어 있는 어린 가지는 현재까지 살아 있는 종을 나타내. 그리고 나무가 자라면서 크고 작은 가지들이 떨어져 나가듯, 이미 없어져 버린 가지들은 현재 멸종

생물 분류

생물을 형태와 구조, 생식, 발생 등의 비슷한 점과 다른 점에 따라 종 - 속 - 과 - 목 - 강 - 문 - 계의 7단계로 분류하는 것. 침팬지를 예로 들면 동물계 〉 척삭동물문 〉 포유강 〉 영장목 〉 사람과 〉 침팬지속 〉 침팬지가 된다.

우리가 형제라고?

되어 화석으로만 남아 있는 모든 목, 과, 속을 나타내지.

침팬지와 인간은 서로 다른 가지라고 볼 수 있어. 따라서 아무리 침팬지가 진화해도 인간이 될 순 없지. 하지만 하나의 나무에서 여러 가지가 뻗어 나오듯, 위로 거슬러 올라가면 침팬지와 인간도 같은 점을 중심으로 뻗어 나왔다는 것을 알 수 있어. 따라서 침팬지는 인간의 조상이 아니라 사촌이라고 생각하는 것이 정확하단다.

▲ 생명의 큰 나무

86

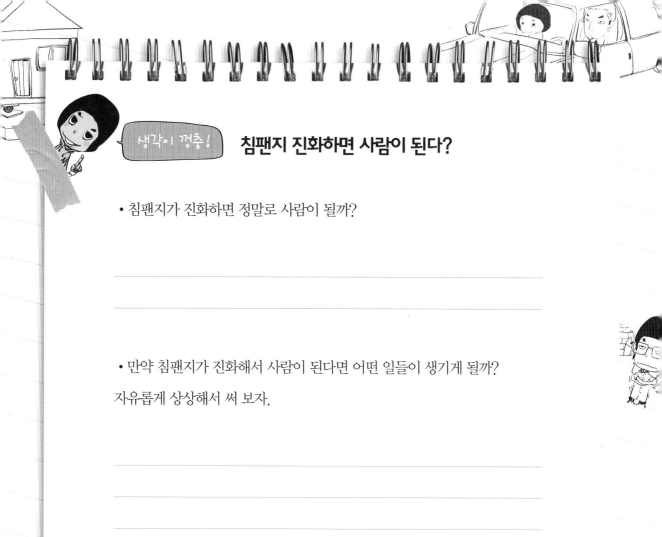

침팬지 진화하면 사람이 된다?

• 침팬지가 진화하면 정말로 사람이 될까?

_____

_____

• 만약 침팬지가 진화해서 사람이 된다면 어떤 일들이 생기게 될까?

자유롭게 상상해서 써 보자.

_____

_____

_____

하늘까지 점프! ## 미래의 코끼리 상상하기

지구에 공룡이 살았던 중생대에 '시조새'라는 동물이 있었어. 조류와 파충류의 중간쯤 되는 동물이지.

시조새가 발견되자 시조새가 새의 조상으로 여겨졌어. 그러면서 새가 어떻게 날게 되었는지에 대

▲ 시조새의 모형

해 다양한 의견이 나왔지. 그중 대표적인 의견은 공룡이 두 다리로 빨리 달리다 날게 되었다는 거야. 높은 나무나 바위에서 뛰어내리다 점점 새처럼 날 수 있게 되었다는 거지.

또 다른 의견으로는 주로 나무에서 살던 공룡이 나뭇가지를 타고 이동하다 나는 능력이 생겼다는 거야. 처음에는 날개를 움직이지 않고 위에서 아래로 떨어지기만 했는데, 점점 진화해 새처럼 날 수 있게 되었다는 거지.

다른 생물들도 환경이 바뀌면 시조새처럼 거기에 적응하며 진화해. 지금 우리가 볼 수 있는 동물들도 환경이 변화하면 그에 맞추어 진화해 가겠지.

지금으로부터 20만 년 뒤, 코끼리는 어떤 모습일지 상상해 보자. 크기가 어떨지, 귀의 모양은 어떨지 마음껏 떠올려 보는 거야. 그리고 왜 그렇게 진화할 것이라고 생각했는지 그 이유도 들려줘. (173쪽으로 가 봐!)

물음표 통통통

1. 주변에 있는 생물의 나이는 어떻게 알 수 있니?

2. 사람들은 지구의 나이를 어떻게 측정했을까?

3. 지구의 역사를 한눈에 볼 수 있도록 나타낸다면
   어떤 모양이 될까?

수목원

관찰이나 연구를 목적으로 여러 가지 나무를 수집하여 재배하는 시설. 광릉수목원이 대표적이다.

나무의 나이를 맞혀 봐!

수목원*에 간 지나, 나우, 라이 삼총사!

: 우아~ 이렇게 많은 나무는 처음 봐. 크기도 제각각이고 나뭇잎이나 가지의 모양도 다양하네.

: 얘들아, 여기 이 커다란 나무 좀 봐. 정말 엄청나. 다른 나무들보다 크기가 훨씬 크니 나이도 가장 많을 거야.

: 나무의 나이는 어떻게 알 수 있을까?

: 나이테를 보면 알 수 있어. 나무 줄기를 가로로 자르면 원이 그려져 있는데, 그걸 나이테라고 해. 나이테가 많을수록 나이가 많은 거지.

: 나무처럼 자신의 나이를 몸으로 보여 주는 생물에는 또 뭐가 있을까?

: 물고기는 비늘을 잘 관찰하면 나이를 알 수 있어. 물고기의 비늘에는 동그란 무늬의 선이 있는데, 나이가 들수록 그 선이 많아지거든.

: 나우는 모르는 게 없네. 그럼 어려운 문제를 내 볼게. 우리가 살고 있는 지구의 나이는 몇 살이니?

: 글쎄, 지구의 나이는 무엇을 보면 알 수 있을까? 나도 잘 모르겠어. 지나야, 넌 알고 있니?

대주교

가톨릭에서 대교구를 주관하는 직위. 또는 그 직위에 있는 사람을 말한다.

: 지구의 나이를 궁금해하는 건 옛날 사람들도 마찬가지였어. 많은 과학자가 지구의 나이를 알아내려고 열심히 연구했지. 그럼 이제부터 지구의 나이, 나아가 태양과 달의 나이까지 알아보자고!

지구의 나이는 몇 살일까?

지구의 나이를 알아내려는 노력들

예부터 사람들은 지구의 나이가 몇 살이나 되었을까 궁금해했어. 그리고 그것을 밝혀내기 위해 여러 가지 방법을 동원했지.

처음으로 지구의 나이를 잰 사람은 아일랜드의 대주교*인 제임스 어셔야. 그는 성경에 나오는 아담의 후손들의 나이를 차례대로 더해, 지구가 기원전 4000년경에 만들어졌다고 했지. 지금을 기준으로 하면 어셔가 생각한 지구의 나이는 약 6,000살이라고 할 수 있어.

어셔 대주교

프랑스의 박물학자인 조르주루이 르클레르 뷔퐁은 지구가 처음 탄생했을 땐 아주 뜨거웠다가 지금은 사람들이 살 수 있을 정도로 식었다는 점에서 힌트를 얻었어. 그래서 작은 쇠공을 뜨겁게 달군 후, 그것이 식을 때까지 걸리는 시간을 쟀지. 쇠공과 지구의 크기를 비교해, 쇠공이 식는 시간으로 지구가 지금의 온도가 될 때까지 걸리는 시간을 구할 수 있었어. 그렇게 알게 된 지구의 나이는 약 7만 5,000살이었지.

뷔퐁

해변

아일랜드의 지질학자 존 졸리는 매년 육지에서 바다로 흘러 들어가는 소금의 양을 알아냈어. 그리고 현재 바다에 있는 소금 양이 모이는 데 걸리는 시간을 측정했지. 그 결과 지구의 나이를 9,000만 살이라고 주장했어.

측정하는 방법에 따라 지구의 나이가 점점 많아지지?

과학이 발달하지 못했던 시대에도 다양한 방법을 동원해 지구의 나이를 밝혀내려 노력했다니, 대단하다고 생각하지 않니? 하지만 그런 노력에도 불구하고 누구도 지구의 나이를 정확하게 알아내지는 못했어. 그렇다면 도대체 지구는 몇 살일까?

지구의 나이를 측정하는 방법

지구의 나이를 재는 방법 중 현재로서 가장 믿을 만하다고 여겨지는 것이 있어. 바로 지구상에서 가장 오래된 돌 속에 있는 우라늄이라는 원소의 양을 측정하는 것이지.

눈에 보이지도 않는 원소의 양으로 어떻게 지구의 나이를 알 수 있을까?

원소는 물질을 이루는 가장 작은 단위로 대부분 다른 모습으로 변하지 않아. 하지만 무게가 무겁고 불안정한 몇 가지 원소들은 가볍고 안정적인 다른 원소로 변하려고 하지. 이런 원소들을 '방사성 동위 원소'라고 해. 방사성 동위 원소가 다른 원소로 변하는 빠르기는 매우 규칙적인데, 이 점을 이용하면 지구의 나이를 잴 수 있단다.

우라늄 광물

우라늄은 대표적인 방사성 동위 원소야. 시간이 지나면 다른 원소로 변하지. 우라늄의 양이 반으로 줄어드는 데 걸리는 시간은 46억 년 정도라고 해. 지구상에서 가장 오래된 돌 속에 있는 우라늄의 양과 우라늄이 변해 새로 생긴 원소의 양을 비교해 봤더니 거의 비슷한 거야. 그럼 우라늄의 양이 반으로 줄었다고 할 수 있겠지? 따라서 지구의 나이를 약 46억 살이라고 추측할 수 있어.

방사성 원소	최종 생성 원소	반감기	원소를 포함한 광물	특징
우라늄 (^{238}U)	납 (^{206}Pb)	약 45억 년	우라니나이트	주로 암석의 '절대 연대' 측정에 이용
우라늄 (^{235}U)	납 (^{207}Pb)	약 7억 년	우라니나이트	
토륨 (^{232}Th)	납 (^{208}Pb)	약 140억 년	우라니나이트	
루비듐 (^{87}Rb)	스트론튬 (^{87}Sr)	약 470억 년	운모, 사장석	
칼륨 (^{40}K)	아르곤 (^{40}Ar)	약 13억 5천만 년	운모, 정장석	
탄소 (^{14}C)	질소 (^{14}N)	약 5,730년	유기물	주로 고고학에 이용

▲ 방사성 동위원소 반감기표

나이테

나무의 줄기나 가지 따위를
가로로 자른 면에 나타나는
둥근 테. 1년마다 하나씩 생
기므로 태의 개수로 나무의
나이를 알 수 있다.

반감기란?

반감기란 원소의 양이 반으로 줄어드는 데
걸리는 시간을 의미한다. 원소마다 반이 되
는 데 걸리는 시간이 다르기 때문에 반감기
를 기준으로 시간을 측정할 수 있다. 어떤 물
질에서 남아 있는 원소의 양과 새로 생긴 원
소의 양을 비교하면, 그렇게 변하는 동안 걸
린 시간을 대략 추측할 수 있다.

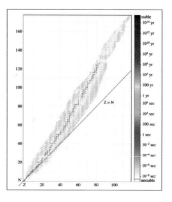

▲ 반감기 그래프

식물의 나이를 알려 주는 마법의 화병

식물의 나이를 알려 주는 신기한 꽃병이 있다. 그 이름은 바로
플라워 포트(Flower pot)! 한국의 디자이너가 만든 플라워
포트는 불빛을 이용해 나이테[*] 모양의 화면에 식물의 나이를 정확
하게 알려 준다.

플라워 포트 ▶

생각이 껑충!

나는 지구의 나이를 측정하는 과학자!

너는 지구의 나이를 밝혀내는 임무를 맡은 과학자야. 어떤 방법으로 지구의
나이를 측정할 수 있을까?

• 어떤 도구가 필요할까?

• 어떤 과학자의 도움을 받고 싶니?

• 어떤 방법을 사용할 거야?

다른 행성의 나이를 알아보자

쌀알이 알려 주는 태양의 나이

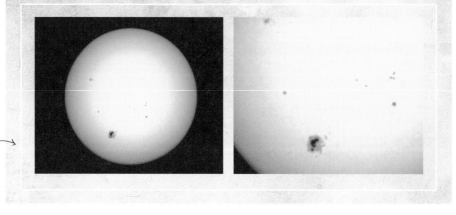

태양(왼쪽),
흑점(오른쪽)

지구의 나이를 알아낸 사람들이 태양의 나이에 관심을 가지는 건, 어쩌면 당연한 일인지도 몰라. 태양은 직접 가 볼 수도 없고 맨눈으로는 쳐다볼 수도 없는데, 어떻게 나이를 측정할 수 있을까? 정답은 쌀알에 있어.

'생뚱맞게 웬 쌀알?'이라고 생각하니? 활활 타오르고 있는 태양의 표면*을 관찰하면 검은색 쌀알 무늬가 보여. 이 쌀알 무늬의 수로 태양이 몇 살인지 알아낼 수 있단다.

장작을 태울 때를 생각해 볼래? 장작이 다 타고 나면 검은 숯만 남잖아. 태양의 표면도 다 탄 부분은 검게 변하는데, 그 모양이 마치 쌀알 같단다. 이 쌀알을 '흑점'이라고 해. 과학자들은 태양을 관측*하면서 흑점의 수가 모두 몇 개인지 셌고, 흑점이 시간에 따라 규칙적으로 증가한다는 사실을 알아냈어. 이 두 가지 정보를 이용하면 태양의 나이를 알 수 있단다. 쉽게 설명해 볼게.

만약 흑점이 1년에 열 개씩 증가한다고 생각해 보자. 그리고 현재 흑점의 수가 100 개라고 한다면, 100을 10으로 나눈 값이 태양의 나이가 되는 거야.

이렇게 흑점의 수로 계산한 태양의 나이는 지구와 비슷해서 대략 46억 살 정도라고 해.

채취

풀, 나무, 광석 따위를 찾아 베거나 캐서 얻어 내는 일.

달의 나이, 토끼에게 물어볼까?

태양의 나이를 알고 나니 달의 나이도 궁금해지지 않니? 달에 살고 있다는 토끼에게 물어볼 수도 없고. 그래서 과학자들이 나서서 달의 나이를 추측해 봤단다.

먼저 지구의 나이를 측정했던 것처럼 달에서 가장 오래된 암석 속에 남아 있는 방사성 원소의 양을 알아내 나이를 측정해 보았어. 처음으로 달에 착륙한 우주선 아폴로 11호가 채취[*]해 온 달의 암석을 분석한 결과, 달의 나이를 45억 2,700만 살이라고 추측했지.

달 (왼쪽),
달에 내려선 아폴로 11호의 우주인 (오른쪽)

달도 지구처럼 나이가 무지 많구나.

달의 나이를 측정하는 또 다른 방법도 있어. 달이 생겨난 때로 거슬러 올라가 보는 거지. 지구가 생겨나고 3,000만 년이 흐른 어느 날, 지구는 어떤 행성과 부딪치게 되는데, 그때 지구에서 떨어져 나온 부분이 달이 되었다는 주장이 나왔거든. 이 주장에 따라 달의 나이가 약 45억 살이라는 추측이 힘을 얻게 되었단다.

조개의 나이는 어떻게 알 수 있을까?

▲ 조개

조개의 나이는 나무의 나이테같이 조개 껍데기에 새겨진 선을 보고 알 수 있다. 새로운 선이 생기는 데 1년 정도의 시간이 걸리므로, 선의 개수를 세어 보면 조개의 나이를 알 수 있다.

내가 만약 닐 암스트롱이라면?

• 내가 달에 처음으로 발을 내딛은 닐 암스트롱이 되었다고 상상해 보고, 달에 도착했을 때 하고 싶은 말을 간단히 써 보자.

_____

_____

• 닐 암스트롱은 달에 도착해서 "이것은 한 사람에게는 작은 한 걸음이지만, 인류에게는 커다란 도약이다"라는 말을 했다고 해. 이 말은 무슨 의미인지 생각해서 써 보자.

_____

_____

지구의 역사를 한눈에!

지금까지 지구의 나이를 계산하는 방법에 대해 알아보았어. 그럼 아래의 기사를 보고, 지금까지 배운 내용을 활용해서 〈지구 역사 신문〉을 만들어 보자. (178쪽으로 가 봐!)

[잠깐!] 〈지구 역사 신문〉을 만들 때는 신문에 반드시 들어가야 하는 요소가 빠지지 않도록 주의해야 해. 신문에는 제목, 글이나 내용을 취재한 기자 이름, 날짜가 반드시 들어가야 해. 어디에서 가지고 온 내용인지도 밝히는 것이 좋아.

17세기까지만 해도 사람들은 지구의 나이가 6,000살을 넘지 않을 것으로 여겼다. 아일랜드의 어셔 주교는 당시 《성경》을 해석해 지구가 기원전 4004년 10월 26일 오전 9시에 탄생한 것으로 계산해 발표했다. 그러나 지질학과 진화론의 발전은 이 주장이 터무니없는 것임을 잇달아 증명했다.

19세기 초 프랑스의 뷔퐁은 쇠공이 식는 속도에 근거해 지구 나이가 7만 5,000살이라고 주장했다. 지질학자 졸리는 해마다 바다에 흘러드는 소금 양과 현재 소금 농도를 계산해 지구 나이를 9,000만 살로 계산했다. 영국의 캘빈은 지구가 식는 속도를 계산해 지구 나이를 2,000만~4억 살로 추정하기도 했다. 그러던 중 20세기에 방사성 동위원소를 이용한 연대 측정법이 등장했다. 1956년 미국의 클레어 패터슨은 납 동위원소를 이용한 연대 측정법으로 태양계의 운석과 지구가 약 45억 년 전에 함께 만들어진 것임을 밝혀냈다. 현재 일반적으로 인정되는 지구의 나이는 약 45억 6,500만 살이다.

빅뱅 (Big Bang) 08
견우와 직녀의 슬픈 운명

물음표 통통통

1. 별들이 서로 멀어지는 이유는 뭘까?

2. 빅뱅(Big Bang)이 뭐야?

3. 150억 년 전에 일어난 일을 어떻게 알아냈을까?

견우 직녀 이야기

음력*으로 7월 7일이 무슨 날인지 알고 있니? 바로 견우와 직녀가 1년에 한 번 오작교를 건너 만나는 날이야. 예부터 전해 내려오는 견우 직녀 이야기를 들려줄게.

하늘나라의 목동이었던 견우와 옥황상제의 딸이었던 직녀는 서로 사랑해 결혼하게 되었어. 그러나 행복한 시간은 잠시뿐, 일은 하지 않고 매일 놀러만 다니는 둘에게 옥황상제가 벌을 내리지. 은하수를 사이에 두고 견우와 직녀를 각각 다른 별에 보내 서로 만나지 못하게 하는 벌이었어. 사랑하는 사람을 만날 수 없게 되어 슬픔에 잠긴 견우와 직녀를 보고, 까마귀와 까치가

음력

달이 지구를 한 바퀴 도는 데 걸리는 시간을 기준으로, 한 해의 계절이나 달 등을 정하는 방법. 일 년을 열두 달로 하고, 한 달을 29일 또는 30일로 한다.

102

다리를 놓아 은하수를 건너게 해 주지. 1년에 한 번, 견우와 직녀가 만나는 날에는 그들의 눈물이 비가 되어 내린다고 해.

견우가 살았던 별을 '견우성'*, 직녀가 살았던 별을 '직녀성'*이라고 하는데, 과연 두 별은 실제로도 만날 수 있을까?

안됐지만 과학적으로 이 일은 절대 불가능하단다. 오히려 두 별은 시간이 갈수록 점점 더 멀어지고 있어. 견우와 직녀의 안타까운 운명은 어디서부터 시작된 것일까? 과학적으로 한번 파헤쳐 보자.

우주 탄생의 순간

견우와 직녀가 다시는 만날 수 없는 이유

점점 멀어지는 건 견우성과 직녀성만이 아니야. 우주에 있는 모든 별이 서로 점점 멀어지고 있거든. 서로 멀어질 수밖에 없는 별들의 비극적인 운명을 설명하기 위해 우주가 탄생한 순간으로 돌아가 보자!

대략 150억 년 전, 우주는 좁쌀보다도 훨씬 작은 크기였는데 거대한 폭발이 일어난 거야. 그 폭발로 우주의 온도가 높아져 수억 도가 넘게 되었고, 우주는 1초도 안 되는 순간, 빛보다 훨씬 빠른 속도로 팽창했지. 그 후 우주는 천천히 식어 갔고, 별과 행성이 만들어졌어.

우주가 탄생한 순간에 대한 이 설명을 '빅뱅(Big Bang) 이론'이라고 해. 빅뱅이란 우주가 "빵!(Bang)"하고 폭발하면서 생겼다는 데서 붙여진 이름이야. 빅뱅 이론에 의하면 우주는 대폭발 이후 계속해서 팽창하고 있다고 해. 마치 공기를 불어넣으면 풍선이 점점 커지는 것처럼 말이야.

견우성

은하수 가운데에 있는 여름철 별자리인 독수리자리에서 가장 밝은 별. 은하수를 경계로 직녀성과 마주하고 있다.

직녀성

여름밤부터 가을밤에 걸쳐 은하수 서쪽에서 볼 수 있는 거문고자리의 가장 밝은 별.

팽창

부풀어서 부피가 커지는 것을 말한다.

풍선을 이용해서 견우성과 직녀성이 점점 멀어지고 있다는 것을 설명할 수 있어. 풍선에 여러 개의 점을 찍고, 공기를 불어넣어 봐. 풍선에 찍힌 점들은 어떻게 될까? 점 사이의 거리가 점점 멀어질 거야.

우주에 있는 별들도 마찬가지야. 우주가 팽창*하면서 크기가 점점 커지면, 우주에 있는 별들 사이의 거리는 점점 멀어지게 된단다. 그래서 견우성과 직녀성은 서로 만나지 못하고 멀어질 수밖에 없는 운명인 거지!

생각이 껑충! 견우와 직녀를 도와줄 수 없을까?

• 견우성과 직녀성이 점점 멀어지고 있다는 이야기는 알고 있을 거야. 그런데 견우가 직녀에게 급히 연락을 해야만 할 일이 생겼어. 연락을 할 수 있는 방법이 없을까? 좋은 방법이 있다면 견우에게 알려 주지 않을래?

• 빅뱅 이론에 따르면 약 150억 년 전에 거대한 폭발이 일어나면서 좁쌀보다도 작았던 우주가 빛보다 빠르게 팽창했다고 했지? 그렇다면 빅뱅이 일어나기 전에는 지금 우주가 있는 공간에 무엇이 있었을까? 자유롭게 상상해서 써 보자.

타임머신

과거나 미래로 시간 여행을 가능하게 한다는 상상의 기계.

소금쟁이

하천이나 저수지의 비교적 고요한 물 위에서 생활하는 곤충. 긴 발끝에 달린 털을 이용해 물 위를 떠다닌다. 수컷은 1.1~1.4cm, 암컷은 1.3~1.6cm이며, 검은색이다.

빅뱅, 사실이야?

우주 탄생의 순간을 자세히 설명해 내다니, 빅뱅 이론은 참 대단하지? 그런데 과학자들은 어떻게 이 이론을 생각해 낼 수 있었을까? 타임머신*을 타고 150억 년 전으로 갈 수도 없었을 텐데 말이야. 그럼 지금부터 빅뱅 이론을 주장하는 과학자들이 내세우는 증거들을 살펴보자.

증거 1. 별들이 점점 빨개지고 있다!

기차역에서 기차 소리를 유심히 들어 본 적 있니? 기차역에 가까워지는 기차 소리는 음이 점점 높아지고, 기차역에서 멀어지는 기차 소리는 음이 점점 낮아져. 왜 그럴까? 이 비밀을 풀어야 빅뱅 이론이 사실이라는 것을 알 수 있으니 잘 들어 봐.

소금쟁이

A

B

잔잔한 호수에 소금쟁이* 한 마리가 있어. 이 소금쟁이가 물장구를 치면 작은 물결이 퍼져 나가겠지? 소금쟁이가 오른쪽으로 이동하면 어떻게 될까? 106쪽의 그림처럼 소금쟁이가 움직이는 쪽은 물결이 촘촘하게 나타나고, 소금쟁이가 지나온 쪽은 물결 사이가 멀어지게 된단다.

색 스펙트럼

소리도 물결처럼 출렁이면서 전달돼. 단, 소리는 많이 출렁일수록 높은 소리가 되고, 적게 출렁일수록 낮은 소리가 되지. 그래서 기차가 다가오면 소리가 출렁이는 횟수가 많아지면서 높은 소리가 들리는 거야. 반대로 기차가 멀어지면 소리가 출렁이는 횟수가 줄어들어 소리는 점점 낮아지게 된단다.

이제 이 원리를 바탕으로 우주가 팽창하고 있다는 증거를 찾아보자. 별의 반짝이는 빛도 소리나 물결처럼 출렁이며 이동해. 빛은 흰색으로 보이지만 사실 빨강, 주황, 노랑, 초록, 파랑, 남색, 보라와 같이 다양한 빛으로 이루어져 있단다. 이 중에서 보라색이 가장 많이 출렁이고, 빨간색에 가까워질수록 적게 출렁이지.

허블

기차 소리처럼 별이 점점 우리에

게 다가온다면, 별빛이 더 많이 출렁거리게 되니까 빛은 점점 보라색으로 변하겠지? 마치 기차 소리의 음이 높아졌던 것처럼 말이야. 반대로 별이 멀어진다면, 별빛이 출렁이는 횟수가 줄어들면서 빨간색으로 변할 거야.

미국의 천문학자 에드윈 허블은 수년 동안 별들을 관찰하며 빛이 어떻게 변하는지 꼼꼼하게 분석했단다. 그 결과, 별에서 만들어진 빛이 지구로 올 때는 약간씩 빨간색 쪽으로 변하고 있다는 사실을 발견했어. 별들이 빨갛게 변한다는 것은 별빛이 출렁이는 횟수가 줄어든다는 것을 뜻해. 그건 별들이 점점 멀어지고 있다는 것을 뜻하며, 이 사실은 우주가 팽창하고 있다는 빅뱅 이론을 뒷받침해 주는 아주 중요한 증거라고 볼 수 있어.

증거 2. 우주 태초의 빛이 아직도 남아 있다!!

우리 엄마, 아빠가 초등학생이었을 때에는 추운 겨울이 되면 교실에서 난로를 피웠단다. 난로에 장작을 넣고 불을 지피면, 난로에서는 빛이 나오고 주위가 따뜻해졌지.

장작을 때는 난로의 원리

난롯불을 끄면 어떨까? 난로가 꺼지면 빛은 사라지지만 얼마 동안은 계속 따뜻함을 느낄 수 있어. 난로에서 눈에 보이지 않는 빛이 나오고 있기 때문이지. 여기서 생기는 궁금증 하나! '눈에 보이지 않는 빛'이 있을 수 있을까?

세상에 존재하는 빛 중에 우리 눈에 보이는 빛은 극히 일부분이야. 우리 눈에 보이는 빛을 '가시광선'이라고 해.

빛의 종류

빨간색은 적게 출렁이고, 보라색은 많이 출렁이는 빛이라고 했지? 그런데 우리 눈에 보이지 않는 빛 중에는 빨간색보다 더 적게 출렁이는 빛이 있어. 반대로 보라색보다 많이 출렁이는 빛도 있는데, 그중 대표적인 것이 자외선이야. 난롯불이 꺼진 뒤에도 열기가 느껴지는 이유는 난로에서 적외선이라고 하는 빛이 나오기 때문이지.

뜨거운 물체에서는 많이 출렁이는 빛이 나오고, 차가운 물체에서는 적게 출렁이는 빛이 나와.

자, 이제 이 사실을 이용해 빅뱅 이론을 증명해 보

자. 우주는 아주 뜨겁고 작은 점이 폭발하면서 만들어졌어. 하지만 우주가 점점 커지면서 뜨거웠던 우주는 서서히 식어 갔고, 현재 우주의 온도는 영하 270℃란다. 과학자들은 빅뱅이 실제로 일어났다면, 우주가 폭발하면서 생긴 빛이 우주 전체로 퍼졌을 것이고, 그 빛이 우주 공간 여기저기에 아직 남아 있을 거라고 생각했지. 그래서 영하 270℃의 이 빛을 찾으려고 했단다.

그런데 우주 태초의 빛은 과학자들의 노력에 의해 발견되기 직전 다른 곳에서 아주 우연히 발견되었어. 1960년, 텔레비전의 전파를 방해하는 잡음을 찾아 제거하는 연구를 하던 사람이 아무리 노력해도 없어지지 않는 잡음을 찾았거든. 그 잡음이 바로 영하 270℃의 빛이었지.

과학자들은 이 빛을 '우주 배경 복사'라고 불러. 우주와 함께 태어나 150억 년 동안 우주를 여행하다가 인간에게 발견된 이 빛은 빅뱅의 증거가 되었단다.

생각이 껑충! 견우에게 편지를 쓰자!

• 직녀와 헤어진 견우는 날마다 슬픔에 잠겨 살아가고 있었어. 은하수를 건너 직녀를 만날 방법이 없을까 고민하던 견우는, 별에 대해 연구한다는 허블이라는 사람에 대해 듣게 되었어. 그래서 견우는 자기가 살고 있는 별이 직녀가 사는 별과 만나는 방법이 없을지 편지를 보내 물어보기로 했단다. 견우의 편지를 받은 허블은 아주 난감했어. 그들은 결코 만날 수 없는 운명이기 때문이지. 이제부터 네가 허블이 되어 견우에게 답장을 써 봐. 왜 두 별이 만날 수 없는지 과학적으로 잘 설명해 보는 거야.

친애하는 견우 군에게

_____

_____

_____

_____

_____

견우 군을 진심으로 응원하는 허블 씀

하늘까지 점프! **빅뱅과 함께 부르는 노래**

가요계의 대폭발을 일으키겠다는 5인조 남성 아이돌 그룹 '빅뱅'과 함께 우주의 대폭발(Big Bang)에 대해 정리해 보자. 빅뱅의 노래 '거짓말'의 가사를 바꾸어 우주의 대폭발, 빅뱅 이론과 그 증거들을 설명해 보는 거야. 아래의 단어들을 활용해서 멋진 가사를 만들어 보자. (182쪽으로 가 봐!)

우주의 팽창, 별들이 서로 멀어져, 허블, 우주 배경 복사, 빛, 빅뱅

물음표 통통통

1. 원자란 무엇일까?

2. 원자 모형은 어떻게 변해 왔을까?

3. 과학자에게 '다르게 생각하기'는 어떤의미일까?

인형 속에 또 인형

마트료시카

위의 사진에 있는 인형을 본 적 있니? 모양은 같지만 크기가 서로 다른 인형들이 죽 늘어서 있네. 이건 러시아 전통 인형인 '마트료시카'야. 이 인형의 재미있는 점은 큰 인형 안에 작은 인형이, 작은 인형 안에는 더 작은 인형이 들어 있다는 거야. 적게는 네 개에서 많게는 수십 개까지 크기가 다른 인형들이 차곡차곡 들어 있다니, 정말 놀랍지?

마트료시카를 열면 점점 작은 인형이 계속해서 나오는 것과 비슷한 현상을 우리 주변에서도 찾을 수 있어. 커다란 바위가 쪼개져 작은 돌멩이가 되고, 작은 돌멩이가 쪼개져 모래가 되는 거 말이야.

이쯤에서 문득 떠오르는 궁금증 하나! 작은 모래 알갱이를 계속 쪼갠다면 얼마만큼이나 작게 쪼갤 수 있을까? 다시 말해, 바위를 이루는 기본 입자는 무엇일까? 더 나아가 세상의 모든 물질을 이루는 기본 입자는 무엇일까?

눈에 보이지 않는다고 없는 게 아니야

아무도 믿지 않았던 지동설

옛날 사람들은 모든 물질을 이루는 기본 단위를 물, 불, 흙, 공기라고 생각했어. 꽃이나 나무, 심지어 사람까지도 이 네 가지가 서로 다른 비율*로 섞여서 만들어진 것이라고 생각했지. 엉뚱해 보이는 이 생각이 널리 퍼졌던 이유는 옛날 사람들이 눈에 보이는 것만 믿었기 때문이야.

하지만 눈에 보이는 것만이 존재하는 것일까?

지금은 지구와 다른 행성들이 태양 주위를 돌고 있다는 사실을 당연한 것으로 받아들이지? 하지만 옛날엔 그렇지 않았어. 사람들이 보기에 태양은 동쪽에서 떠서 서쪽으로 지니까 태양이 지구 주위를 돈다고 생각했단다.

그런데 16세기에 코페르니쿠스는 지구가 태양 주위를 돈다는 지동설을 주장했어. 하지만 매일 태양이 움직이는 걸 보던 사람들은 아무도 그의 주장을

비율

다른 수나 양에 대한 어떤 수나 양의 비교하는 크기 값.

받아들이지 않았지. 코페르니쿠스가 지동설에 관해 쓴 책은 나라에서 읽지 못하도록 금지하기까지 했대.

그 뒤로 망원경이 발명되어 다른 행성들을 관찰할 수 있게 되면서, 지구와 다른 행성들이 태양 주위를 돈다는 지동설이 받아들여지기 시작했어.

지동설을 가장 심하게 반대했던 로마 교황청은 1999년에야 비로소 "코페르니쿠스의 업적을 받아들이지 않은 것은 잘못이었다"라고 사과하며 400여 년 만에 지동설을 인정하게 되었지.

이처럼 우리가 눈으로 직접 볼 수 없는 것이 진실인 경우도 있어.

세상의 모든 물질이 물, 불, 흙, 공기로 이루어진 것이 아니라 우리 눈에 보이지 않는 '원자'로 이루어졌다는 사실처럼 말이야. 원자가 뭐냐고? 이제부터 원자의 비밀을 하나하나 밝혀낼 테니 잘 따라와.

인형 속에 또 인형

• 러시아 인형의 사진을 보았지? 현실에서도 그것과 비슷한 걸 본 적이 있니? 비슷한 예를 들어 보자.

• 옛날 사람들은 모든 물질이 물, 불, 흙, 공기로 이루어져 있다고 생각했단다. 만약 사람이 그 네 가지만으로 이루어졌을 경우, 생길 수 있는 문제로는 어떤 것들이 있을까? 자유롭게 상상해 써 보렴.

데모크리토스

고대 그리스의 자연철학자로
고대 원자론을 확립했으며 유
물론의 출발점이 되었다.

이 세상은 모두 '이것'으로 이루어져 있다

처음으로 원자 이론을 주장한 사람은?

커다란 바위가 쪼개지고 또 쪼개지면 작은 돌멩이가 되고, 작은 돌멩이가
계속 쪼개지면 모래가 돼. 모래가 쪼개지면 더 작은 모래 알갱이가 되겠지?
그 작은 모래 알갱이를 계속 쪼갠다면 얼만큼이나 작아질 수 있을까?

고대 그리스의 철학자 중 한 사람인 데모크리토스*는 우주가 무엇으로
이루어졌느냐에 대해 공부를 깊이 했어. 그는 물질을 쪼개고 또 쪼개다 보
면 언젠가는 더 이상 쪼개지지 않는 가장 작은 알갱이가 될 것이라고 생각
했어. 그리고 그 가장 작은 알갱이를 '더 이상 나누어지지 않는 물질'이라는
뜻의 '아토모스'에서 이름을 따와 '원자'라고 불렀지.

데모크리토스는 세상의 모든 것이 원자로 이루어져 있다고
생각했어. 음식마다 맛이 다른 이유도 원자의 모양이나 크기
가 다르기 때문이라고 했지. 신맛이 나는 음식은 원자가 뾰족
한 세모 모양이라 혀를 찌르기 때문이라고 생각했고, 달콤한
맛이 나는 음식은 원자가 둥글둥글하고 매끈한 모양일 것이라고
생각했어.

하지만 데모크리토스에게 "왜 그렇지?"라고 질문하면 이론적으
로 설명하지는 못했어. 과학 실험이나 관찰을 통해서가 아니라 생
각으로만 원자에 대해 알고 있었기 때문이야. 따라서 그 시대 사람
들은 데모크리토스의 원자 이론을 받아들이지 않았고, 원자는 사
람들에게 서서히 잊혀져 갔지.

내 원자 이론을
사람들이
무시하는구나. ㅠㅠ

다시 살아난 원자

데모크리토스가 죽은 후 2,000년도 더 지난 1808년, 영국의 화학자 존 돌턴은 원자가 모든 물질을 이루는 가장 작은 알갱이라는 주장을 다시 폈어. 그는 물에 여러 가지 기체를 녹이는 실험을 하다가 기체의 종류에 따라 물에 녹는 양이 다르다는 사실을 발견했단다.

돌턴은 '왜 그럴까?' 하고 곰곰이 생각해 보았지. 그리고 기체는 작은 알갱이로 이루어져 있는데, 기체마다 알갱이의 크기가 다르기 때문에 물에 녹는 양도 다른 것이라고 생각했어. 여기서 돌턴이 말하는 기체를 이루는 알갱이가 바로 '원자'야.

돌턴이 모든 물질은 원자로 이루어져 있다고 주장했을 때도 데모크리토스 때처럼 믿지 않는 사람이 많았어. 데모크리토스가 원자설을 주장했을 때와 마찬가지로 돌턴이 살던 시대 사람들도 모든 물질이 물, 불, 흙, 공기로 이루어졌다고 믿었기 때문이야.

하지만 돌턴은 실험을 통해 원자가 있다는 사실을 증명했고, 오랜 시간이 지난 후 전자 현미경이 발명되어 원자를 찍는 데 성공했어. 그러자 모든 사람이 원자가 있다는 것을 받아들이게 되었지. 이렇게 과학이란 사람들이 몰랐거나 잘못 알고 있던 사실들을 연구와 실험을 통해 하나하나 밝혀내는 과정에서 발달한단다.

돌턴

색맹

색을 구분하는 능력이 없거나 부족한 상태 혹은 그런 사람을 말한다. 대부분은 유전에 의해 나타난다.

돌턴은 신호등을 구분하지 못했다?

돌턴은 적색과 녹색을 구분하지 못하는 적록 색맹*이었다. 화학 실험을 할 때는 물질의 색이 변하는 것을 관찰해야 하므로 화학자에게 색맹은 큰 걸림돌이었다. 하지만 돌턴은 절망하는 대신 최초로 색맹에 대해 연구하기 시작했고, 색맹을 연구하는 데 자신의 눈을 기증하기도 했다. 색맹 연구에 최선을 다했던 돌턴의 업적을 기리는 뜻으로 적록 색맹을 '돌터니즘'이라고 부른다.

전자를 발견한 톰슨

돌턴은 원자를 더 이상 쪼갤 수 없는 작은 알갱이라고 생각했어. 하지만 이런 생각은 오래가지 못했지. 바로 영국의 물리학자 조지프 톰슨이 원자도 쪼갤 수 있다는 것을 알아냈기 때문이야.

톰슨은 음극선을 만드는 실험을 하고 있었어. 톰슨은 음극선을 이루는 입자들의 무게를 직접 잴 수는 없었지만 원자 중에 가장 가벼운 수소보다 훨씬 가볍다는 것을 짐작할 수 있었어. 그래서 톰슨은 원자보다 더 작은 입자가 있다고 생각했고, 그것을 '전자'라고 불렀단다.

음극선

톰슨은 원자 안에 이 전자가 들어 있다고 생각했어. 그리고 전자는 음전기를 띠고, 원자의 나머지 부분이 양전기를 띤다고 생각했어. 원자를 초코칩 쿠키라고 생각한다면, 쿠키에 쏙쏙 박혀 있는 초코칩이 음전기를 띤 전자이고 바삭바삭한 쿠키는 양전기를 띠는 셈이지. 원자가 초코칩 쿠키와 다른 점이 있다면, 초코칩은 쿠키에 박혀 고정되어 있고 전자는 원자 안에서 움직이고 있다는 거야.

사실 톰슨은 원자 안의 양전기를 띠는 부분을 정확하게 설명하지 못했어. 하지만 원자 안에 음전기를 띤 전자와 양전기를 띤 부분이 함께 존재한다는 발견 덕분에 톰슨 이후의 과학자들이 원자의 모습을 더 정확하게 그릴 수 있게 되었지.

원자도 쪼갤 수 있지!

원자핵을 발견한 러더퍼드

톰슨의 제자였던 영국의 물리학자 어니스트 러더퍼드는 톰슨의 원자 모형을 실험으로 확인하고 싶었어. 원자에 무엇인가를 통과시켜서 그 안에 무엇이 있는지 알아보려고 한 거야. 그럼, 러더퍼드가 어떤 실험을 했는지 그림을 보며 알아볼까?

가운데 있는 금색 물체는 두께가 약 1/2만 cm인 금박이야. 금박 주위를 둘러싸고 있는 것은 스크린이고, 금박과 마주보고 있는 건 방사선의 하나인 알파선을 쏘는 장치지.

이렇게 실험 준비를 하고 금박에 방사선을 쏘아서 방사선 입자들이 스크린의 어디에 도달하는지를 보는 거야.

방사선

라듐, 우라늄 같은 물질이 스스로 무너지거나 깨져서 다른 물질로 바뀔 때 내뿜는 전자파. 그 종류에는 알파(α)선, 베타(β)선, 감마(γ)선이 있다.

돌턴의 원자 모형대로라면 전자는 아주 가벼우니까 방사선[*]은 원자 속의 전자를 밀어내고 그대로 통과해야 해. 그럼 금박 뒤편에 있는 스크린에 방사선 입자들이 모이겠지?

그런데 놀랍게도 몇몇 입자들이 금박에서 튕겨 나와 금박 앞쪽의 스크린에서 발견되었어. 러더퍼드는 원자 안에 방사선이 밀어내지 못할 만큼 딱딱한 무엇인가가 있을 것이라고 생각했지. 이것을 '원자핵'이라 이름 지었고, 원자 속의 전자들은 이 원자핵 주변을 돌고 있을 것이라고 생각했어.

원자핵이 중심에 있고 전자가 그 주위를 빠른 속도로 돌고 있는 모습이, 마치 여러 행성이 태양을 중심으로 돌고 있는 모습 같지 않니? 그래서 이 원자 모형을 '행성 모형'이라고 부르기도 해.

원자핵의 크기는 원자 지름의 10만 분의 1 정도로 매우 작은데, 무게는 원자의 대부분을 차지하고 있어. 나머지 공간에는 아주 작고 가벼운 전자들이 원자핵 주변을

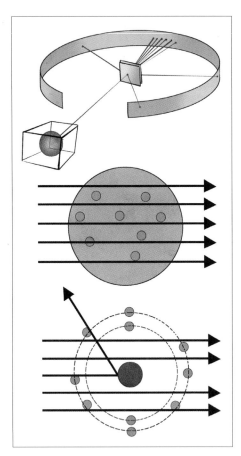

▲ 산란 실험(위),
톰슨의 원자 모형으로 예상되는 모습(가운데),
실제 실험으로 생각해 낸 원자 모형(아래).

122

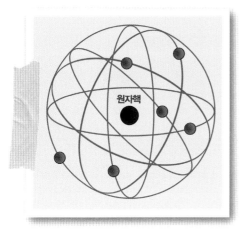

▲ 러더포드의 원자 모형

궤도

행성이나 혜성, 인공위성 등이 다른 천체의 둘레를 일정하게 도는 것처럼, 따라 돌도록 정해진 길을 말한다.

돌고 있을 뿐이라 거의 비어 있는 것과 마찬가지야. 마치 커다란 체육관 중앙에 원자핵에 해당하는 구슬이 있고, 전자에 해당하는 먼지들이 빈 공간을 떠돌아다니는 것과 같아.

이렇게 거의 비어 있는 원자로 모든 것이 이루어졌다니, 정말 신기하지 않니?

새로운 생각을 해낸 보어

러더퍼드의 원자 모형도 완벽한 것은 아니었어. 러더퍼드의 원자 모형에서 전자가 원자핵 주위를 돈다고 했지? 전자가 회전 운동을 하면 빛을 내게 되어 있단다. 원자핵 주위를 도는 전자도 스스로 빛을 내면서 에너지를 잃어버려서 원자핵과 부딪쳐야 마땅하지.

하지만 전자는 움직임을 멈추거나 원자핵에 부딪히지 않았어. 러더퍼드의 원자 모형에 뭔가 잘못된 점이 있었던 거지. 이 문제점을 해결한 사람이 바로 덴마크의 물리학자 닐스 보어야.

보어는 전자가 원자핵 주위를 돌 때 정해진 궤도*를 따라 돈다고 가정했어. 그리고 이 궤도에서 움직

보어

일 때는 빛을 내면서 에너지를 잃어버리지 않는다고 생각했던 거지. 비록 이 생각을 실험으로 증명하지는 못했지만, 러더퍼드의 원자 모형이 가진 문제를 해결하기 위해 새로운 생각을 내놓았다는 데 큰 의미가 있어.

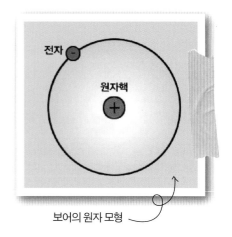

보어의 원자 모형

보어의 다르게 생각하기

보어가 대학생이었을 때, 교수가 기압계를 사용해 건물의 높이를 재는 방법에 대한 문제를 냈다. 다른 학생들은 높이에 따라 기압이 달라지는 원리를 이용하여 건물의 높이를 계산했지만 보어는 달랐다. 그는 "건물 옥상에서 기압계에 줄을 매달아 떨어뜨린 후 줄의 길이를 재면 된다"라는 엉뚱한 대답을 내놓았다.

다른 교수가 물리학 지식을 이용해 보라고 하자, 보어는 "기압계를 옥상에서 떨어뜨린 후 낙하 시간을 재서 계산한다"라고 답했다. 그 교수는 자신이 원하던 답은 아니었지만 새로운 생각을 해낸 보어에게 높은 점수를 줬다고 한다.

이렇게 조금은 엉뚱하지만 새로운 생각을 해내는 보어 같은 과학자가 있기 때문에 과학이 발전하는 것은 아닐까?

새로운 원자 모형

보어가 새로운 주장을 내놓았지만 여전히 원자 모형은 완성되지 않았어.

그때 혜성같이 등장한 과학자가 있었어. 그때까지의 고정 관념을 확 깨 버린, 독일의 물리학자 베르너 하이젠베르크가 바로 그 사람이야.

하이젠베르크는 전자가 원자핵 주변을 돌고 있다는 생각은 잘못된 것이라고 주장했어. 원자 안에는 전자가 있을 확률이 높은 곳과 낮은 곳이 있을 뿐이라고 했지. 하이젠베르크의 생각대로 전자가 있을 확률이 높은 곳을 표시해 보니, 원자핵을 가운데 두고 대칭을 이루는 그림이 되었단다.

이렇게 그려진 원자는 공, 아령, 네잎클로버 등 다양한 모습을 나타냈지. 이 원자 모형이 지금까지 만들어진 원자 모형 중 가장 정확한 것이야.

이렇게 원자에 대한 궁금증을 풀기 위해 많은 과학자가 연구에 연구를 거듭했어. 각자 자기만의 가설*을 가지고 그것을 증명하려고 노력했지. 그렇게 점점 더 나은 가설을 세우며 정확한 이론을 만들어 가는 것이 과학자의 역할이라고 할 수 있어.

가설

아직 증명되지 않은 어떤 사실을 설명하기 위해 만들어 낸 가정을 말한다. 가설을 이용해 얻은 이론적인 결과가 실험 등을 통해 사실로 밝혀지면, 진리로 인정된다.

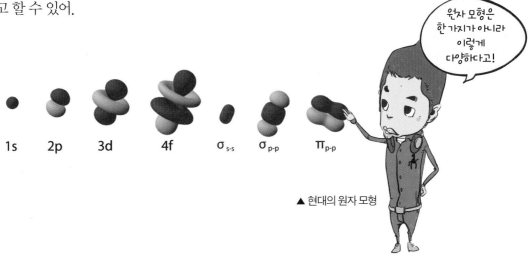

▲ 현대의 원자 모형

원자 모형을 내 것으로!

• 원자 모형에 대해 알게 된 것들을 아래의 학자별로 정리해 볼래?

톰슨 :

러더퍼드 :

보어 :

하이젠베르크 :

• 다음에 나오는 낱말들을 사용해서 짧은 글을 지어 보자. 반짝반짝 빛나는 너의 생각을 기대할게!

원자, 알갱이, 초코칩 쿠키, 행성, 구름

하늘까지 점프! **선배 과학자들에게 편지를!**

하이젠베르크가 주장한 원자 모형은 오늘날 가장 정확하다고 인정받고 있어. 이제 네가 하이젠베르크가 되었다고 상상해 봐. 그리고 하이젠베르크가 원자 모형을 만들기 전에 원자에 대해 연구해 왔던 선배 과학자들에게 편지를 써 보는 거야. 선배 과학자들에게 어떤 말을 해 줄 수 있을까?

(186쪽으로 가 봐!)

[잠깐!] 하이젠베르크가 가장 정확한 원자 모형을 만든 과학자인 만큼, 선배 과학자들의 원자 모형에 대해 어떻게 생각하는지 편지에 담는 게 가장 중요해. 그리고 하이젠베르크가 생각하는 원자란 무엇인지도 잘 나타내야겠지?

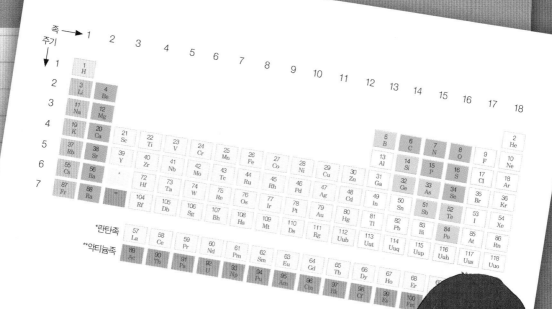

물음표 통통통

1. 연금술에 대해 들어 본 적 있니?

2. 원소란 무엇인지 알고 있니?

3. 원소 주기율표는 어떻게 탄생했을까?

연금술

고대 이집트에서 시작되어 아라비아를 거쳐 중세 유럽에 전해진 화학 기술. 구리, 납 등의 비금속으로 금을 만들려고 했다.

금을 만들려고 했던 연금술사

'연금술*사'라는 직업을 알고 있니? 납이나 구리 같은 값싼 금속을 금으로 바꾸려고 했던 사람들을 가리키는 말이야. 그게 가능한 일이냐고? 옛날 사람들이 생각하기엔 충분히 가능한 일이었어.

옛날에는 모든 물질이 물, 불, 흙, 공기의 네 가지로 이루어졌다고 믿었다는 거, 알고 있지? 그런 생각에 따르면, 납과 금도 이 네 가지로 이루어져 있기 때문에, 각 재료의 비율만 잘 맞추면 납을 금으로 충분히 바꿀 수 있다고 생각했단다.

유럽의 왕이나 귀족들은 연금술사에게 납과 구리로 금을 만들도록 주문했고, 연금술사는 금을 만들기 위해 온갖 노력을 기울였지. 이 연구에 평생을 바친 연금술사도 많았지만, 어느 누구도 성공하지는 못했어. 심지어 금을 만들었다고 속이거나, 돈만 챙겨 달아난 사기꾼도 있었다고 해.

연금술이 성공할 수 없었던 이유가 무엇인지 알겠니? 납과 금은 물, 불, 흙, 공기가 아니라 각자 다른 '원소'들로 이루어진 물질이기 때문이야.

여기서 잠깐! 앞에서 배운 '원자'와 지금 이야기하는 '원소'는

이게 정말 금인가?

어서 도망가야지. 히히히.

뭐가 다른 걸까? 이제부터 원자만큼 재미있는 원소의 세계로 들어가 보자!

원소 주기율표의 탄생

원소와 원자

앞에서 원자란 세상의 모든 물질을 이루는 가장 작은 알갱이라고 배웠지? 원자와 비슷한 것 같으면서도 다른 원소에 대해 들어 본 적 있니? 이제 원소에 대해 자세히 알아보자.

물은 수소 알갱이 두 개와 산소 알갱이 한 개로 이루어져 있어. 원자가 알갱이 하나하나를 가리키는 말이라면, 그 알갱이가 가진 특징에 따라 분류한 것이 원소야. 수소라는 원소, 산소라는 원소를 포함해 종류가 100가지도 넘지. 꽃에 비유해서 설명하면 더 이해하기 쉬울 거야.

꽃의 종류는 해바라기, 민들레, 나팔꽃, 장미, 개나리 등 정말 다양해. 그중 해바라기는 키가 크고 노란 잎을 가졌다는 특징이 있어. '해바라기'라는 꽃이 원소라면, 해바라기 한 그루는 원자라고 할 수 있지.

원소의 종류는 100가지도 넘는다고 했지? 과학이 점점 발달하면서 많은 원소가 발견되었고, 원소를 정리하는 방법도 필요하게 되었어. 그래서 만들어진 것이 '원소 주기율표'란다.

물 분자*모형

분자

물질의 성질을 가진 가장 작은 단위로, 일반적으로 두 개 이상의 원자가 결합하여 연결된 하나의 독립된 입자를 말한다.

원소의 지도 주기율표의 탄생

멘델레예프의 주기율표

카드 마술을 본 적이 있니? 마술사는 내가 몰래 고른 카드를 딱 맞히거나, 내가 고른 카드만 없애 버리기도 하지. 이때 쓰이는 카드에는 하트, 클로버, 스페이드, 다이아몬드의 네 가지 모양에 1부터 10까지의 숫자가 쓰여 있단다. 이 카드를 보고 원소 주기율표를 만든 사람이 있어. 바로 러시아의 화학자 드미트리 멘델레예프였지.

그는 원소의 이름과 특징을 기록한 카드를 만들어 원자량이 커지는 순서대로 카드를 배열했어. 그리고 비슷한 특징을 가진 원소를 모아 세로로 배열하고 '가족'이라는 뜻을 가진 '족'이라는 줄을 만들었지. 그렇게 몇 번을 반복한 끝에 주기율표를 완성할 수 있었어.

멘델레예프

멘델레예프가 처음 주기율표를 발표했을 때, 다른 과학자들에게 인정받지는 못했다고 해. 하지만 그는 당시에는 알려지지 않았던 원소의 자리를 빈칸으로 두고, 거기에 들어갈 원소의 원자량과 특징을 예견했어. 나중에 과학이 더욱 발달하면서 새로운 원소들이 발견되었고, 그의 예언은 멋지게 들어맞았어. 멘델레예프 주기율표의 우수성이 증명된 것이지.

현대의 주기율표

현대의 원소 주기율표는 멘델레예프가 생각한 그대로는 아니야. 현대의 원소 주기율표는 원자량의 순서가 아니라 원자 번호 순서로 되어 있거든.

또한 새로운 원소가 발견되면서 멘델레예프가 만든 주기율표에 새로운 족이 추가되었어. 원소의 수도 63개에서 그것의 두 배에 가까운 111개로 늘어났어. 그중 92개는 자연계에 존재하지만 나머지는 실험실에서 만들어 낸 것이란다.

재미있는 것은 원자 번호 112번부터 등장하는 빈칸이야. 112번과 113번 원소를 만들었다고 주장하는 과학자도 있지만 다른 과학자들의 인정을 받지는 못했지.

주기율표의 빈칸! 그것은 아직 발견되지 않은 원소의 등장을 기다리고 있다는 뜻이 아니겠어? 그리고 새로운 원소를 만들 수도 있다고 하니 주기율표가 얼마나 늘어날지 기대해도 좋아.

멘델레예프의 주기율표

원소 패밀리가 떴다

주기율표에서 같은 족에 배열된 원소들은 서로 비슷한 성질을 가지고 있다고 했지? 마치 같은 집안 사람들의 외모나 성격이 서로 닮은 것처럼 말이야. 현대의 주기율표에는 모두 18개의 패밀리가 있는데, 지금부터 그중 특이한 성질을 가지고 있는 원소 패밀리를 소개할게.

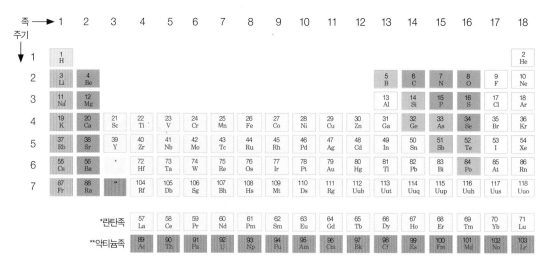

▲ 주기율표

납을 금으로 바꿀 수 있을까?

• 옛날에는 연금술사라는 사람들이 있었는데, 그들은 납이나 구리 같은 값 싼 금속을 금으로 바꾸려 했던 사람들이야. 과연 납이나 구리로 금을 만드는 게 가능할까? 네 생각을 자유롭게 써 보렴.

_____

_____

• 만약 납이나 구리를 금으로 바꿀 수 있는 능력이 생긴다면 무엇을 하고 싶니? 한번 상상해서 써 봐.

_____

_____

알칼리 금속 패밀리와 알칼리 토금속 패밀리

알칼리성

산의 작용을 중화하고 산과 작용하여 염과 물만을 만드는 성질을 뜻한다. 염기성이라고도 한다.

리튬 배터리 (왼쪽),
비누 (오른쪽)

세수할 때나 손을 씻을 때 꼭 필요한 비누와 옷에 묻은 때와 얼룩을 깨끗하게 없애 주는 세제! 비누와 세제는 둘 다 칼륨(K)으로 만들어졌어. 현대인에게 없어서는 안 될 휴대 전화에 들어가는 배터리는 리튬(Li)으로 만들었지. 이렇게 유용한 칼륨과 리튬의 가족을 '알칼리 금속'이라고 해. 물에 녹으면 알칼리성*을 띠기 때문에 이런 이름이 붙여졌지.

알칼리 금속 패밀리의 가장 큰 특징은 다른 원소와 만나면 매우 활발하게 반응한다는 점이야. 물에 닿으면 열을 내며 반응하고, 심지어 폭발하는 경우도 있단다. 산소와도 반응을 잘해서 공기 중에 둔 알칼리 금속은 쉽게 광택을 잃지. 그래서 알칼리 금속 패밀리는 물이나 공기에 닿지 않도록 공기가 없는 진공관이나, 물과 섞이지 않는 석유나 벤젠 같은 액체 속에 넣어 보관해야 한단다.

우리 몸의 뼈와 이는 무엇으로 만들어졌는지 아니? 바로 칼슘(Ca)이야. 그래서 뼈를 튼튼하게 하려면 칼슘이 많이 들어 있는 우유나 멸치를 먹으라고 하는 거란다. 칼슘이 포함된 가족을 '알칼리 토금속'이라고 해. 토(土)는 흙이란 뜻이지. 물에 잘 녹지 않고 불에 타지 않는 게 마치 흙 같다고 해서 붙여진 이름이래. 알칼리 토금속은 물에 녹으면 알칼리성을 띠게 된단다.

알칼리 토금속은 알칼리 금속과는 달리 뜨거운 물이나 수증기에만 반응하고, 보통 실내 온도 정도의 물에는 반응하지 않으니 덜 위험하다고 할 수 있어.

게으른 비활성 기체 패밀리

우리가 입으로 부는 풍선은 공중에 떠 있지 않지만 놀이 공원에서 파는 풍선은 공중에 떠 있어. 공기보다 가벼운 헬륨(He)으로 채워져 있기 때문이지. 헬륨의 가족을 '비활성 기체'라고 해. 비활성이란 '활발하게 움직이지 않는다'는 뜻으로, 물이나 산소 같은 다른 물질을 만나도 거의 반응하지 않는다는 거야. 한마디로 게을러서 잘 움직이지 않고, 남과 어울리기보다는 혼자 있는 것을 더 좋아하는 집안이지.

비활성 기체 패밀리 중 가장 유명한 건 헬륨이야. 헬륨 가스를 마시면 평소보다 훨씬 높은 목소리가 나오지? 헬륨은 공기보다 가벼워서 성대 주변에 헬륨 가스가 차면 소리를 낼 때 진동이 더

비활성 기체 중 하나인 아르곤을
충전 기체로 만든 백열전구

많이 일어나 높은 소리가 나오는 거야. 헬륨은 몸속의 다른 물질과 반응을 하지 않기 때문에 안심하고 사용할 수 있어.

헬륨은 공기보다 가벼우면서 불을 가까이 해도 타지 않아. 그래서 비행선이나 기구, 풍선을 공중에 띄울 때 사용하지.

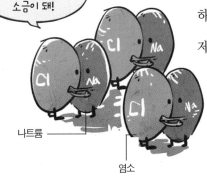

난 헬륨이라고 해.
공기보다 가벼운 게
특징이야.

헬륨

▲ 헬륨 기구

소금을 만드는 할로겐 패밀리

음식을 만들 때 꼭 필요한 재료인 소금은 나트륨(Na)과 염소(Cl)가 만나 만들어졌단다.

나트륨은 알칼리 금속으로 칼륨과 가족이고, 염소는 '할로겐' 패밀리야. 염소는 세탁할 때 흰옷을 더 하얗게 해 주는 표백제나, 농작물을 망치는 해충을 죽이는 살균제를 만드는 데 사용하기도 해.

'불소치약'이라고 들어 본 적 있니? 할로겐 패밀리의 플루오르(F)가 들어 있는 치약으로, 치아의 나쁜 세균

▲ 풍선

우리 둘이
만나면 짭짤한
소금이 돼!

나트륨

염소

표백제와 살균제 (왼쪽),
불소 치약 (오른쪽)

을 죽이는 역할을 톡톡히 한단다.

주목받는 희토류 패밀리

▲ 헤드폰

자동차, 컴퓨터, 휴대 전화, 스피커, 마이크를 만드는 데 공통적으로 필요한 재료가 있어. 그건 바로 자석이야. 하지만 우리가 과학 시간에 쓰는 자석으론 어림도 없어. 그것보다 훨씬 힘이 센 자석이 필요하단다. 이때 자석이 되기 쉬운 성질을 가진 '희토류' 패밀리의 원소들이 활약하지. 그중 대표적인 것이 네오디뮴(Nd)이라는 원소야. 네오디뮴은 아주 강한 자석으로 이용되고 있단다.

네오디뮴

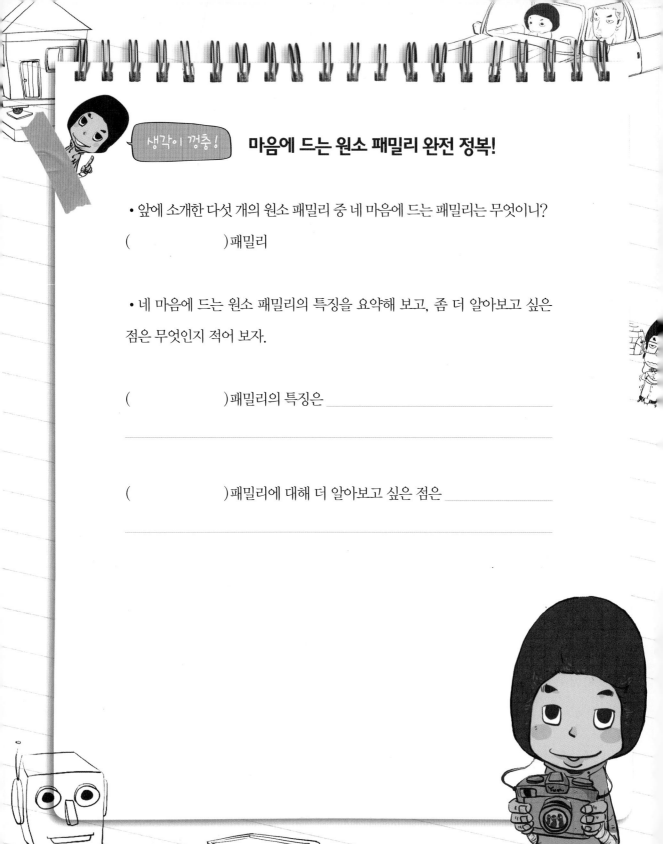

마음에 드는 원소 패밀리 완전 정복!

생각이 껑충!

• 앞에 소개한 다섯 개의 원소 패밀리 중 네 마음에 드는 패밀리는 무엇이니?

(   )패밀리

• 네 마음에 드는 원소 패밀리의 특징을 요약해 보고, 좀 더 알아보고 싶은 점은 무엇인지 적어 보자.

(   )패밀리의 특징은 _____

_____

(   )패밀리에 대해 더 알아보고 싶은 점은 _____

_____

하늘까지 점프! **나는 미래의 화학자**

네가 미래의 화학자가 되었다고 상상해 봐. 실험실에서 열심히 연구하던 어느 날, 넌 새로운 원소를 발견했어. 지금부터 네가 발견한 원소를 주기율 표에 올리기 위해 그 원소를 소개하는 글을 써 보는 거야.

이 글에는 네가 발견한 원소의 이름, 원소 이름의 유래, 원자 번호, 앞으로 어떻게 사용될 수 있는지 반드시 써 넣어야 해.

먼저 간단한 원소 소개서를 써 보렴. 그리고 주기율표에 새로운 원소를 넣는 것을 허가하는 곳인 국제 순수 응용 화학 연맹에 보내는 편지글을 써 보자. (192쪽으로 가 봐!)

이 책을 쓸 때 참고한 자료

01. 과학 법칙의 발견 : 우연일까? 연구의 힘이지!

《지식의 원전》, 존 캐리(김문영 옮김), 바다출판사, 2004 | 〈뱀꿈 꾸고 성공한 과학자 케쿨레〉, 이영완, 동아 사이언스, 2002. 02. 25 | 〈아인슈타인 일반 상대성 이론 확인 90주년〉, 이주영, 연합뉴스, 2009. 05. 29

02. 만유인력의 법칙 : 거인의 어깨 위에서

〈망원경으로 진짜 우주를 관측하다〉, 김지현, 김동훈, 동아 사이언스, 2000. 10. 01

〈물리―뉴턴과 만유인력〉, 전영석, 동아 사이언스, 2002. 01. 01

〈탐구의 세계에서 발견한 무게〉, 이효근, 동아 사이언스, 2007. 01. 01

〈케플러 법칙으로 바라본 인공위성〉, 김성도, 동아 사이언스, 과학동아 2010년 1월호

〈지학―우주론의 변천〉, 구자옥, 동아 사이언스, 과학동아 2002년 2월호

〈과학자들의 수다―최고 과학자 3인은 누구?(1)〉, 고선아, 동아 사이언스, 2007. 09. 20

〈인공위성과 무중력〉, 이효근, 동아 사이언스, 과학동아 2007년 9월호

《뉴턴이 들려주는 만유인력 이야기》, 정완상, 자음과 모음, 2005

《위대한 물리학자 1 : 갈릴레오에서 뉴턴까지 고전역학의 세계》, 윌리엄 크로퍼(김희봉 옮김), 사이언스북스, 2007

03. 갈릴레이와 망원경 : 과학과 기술은 친구

《교과서를 만든 과학자들》, 손영운, 글담, 2005 | 네이버 캐스트 : 세계 인물 – 갈릴레이, 레벤후크

《과학이 세상을 바꾼다》, 국가 과학 기술 자문 회의(한국 과학 문화 재단 옮김), 크리에이트, 2007

04. 촛불 속의 과학 : 홈즈의 돋보기를 들어라!

《머리가 좋아지는 홈즈의 추리특급》, 아서 코난 도일(김영 옮김), 한가람, 1999

《촛불 속의 과학 이야기》, 마이클 패러데이(문경선 옮김), 누림, 2004

《성공하는 사람들의 7가지 관찰습관》, 송숙희, 위즈덤 하우스, 2008

《생각의 탄생》, 로버트 루트번스타인, 미셀 루트번스타인(박종성 옮김), 에코의 서재, 2008

〈레오나르도 다빈치처럼 관찰하기〉 사비나 미술관 전시회, 2010. 07. 21 ~ 08. 29

05. 라듐의 발견 : 발견의 즐거움

한국 원자력 문화 재단 (http://www.knef.or.kr/) | 《발견하는 즐거움》, 리처드 파인만(김희봉, 승영조 옮김), 승산, 2001 | 《지식의 원전》, 존 캐리(이광렬 옮김), 바다출판사, 2007

《천재 과학자들의 숨겨진 이야기》, 야마다 히로타카(이면우 옮김), 사람과 책, 2005
《세계를 변화시킨 12명의 과학자》, 스티브 파커(이충호 옮김), 두산 동아, 2000

06. 진화론 : 침팬지는 인류의 조상일까?
《종의 기원, 자연선택의 신비를 밝히다》, 윤소영, 사계절, 2004
《청소년이 반드시 알아야 할 진화의 비밀》, 크리스탄 로슨(김태항 옮김), 이룸, 2005
〈침팬지는 진화해도 인간이 될 수 없다 – 인류의 사촌 유인원〉, 박선주, 동아 사이언스, 과학동아 1999년 12월호
〈공룡이 새의 할아버지냐 사촌이냐〉, 김상연, 더 사이언스, 2002. 08. 25

07. 지구의 나이 : 지구의 나이에서 내 나이를 빼면?
《위대한 물리학자 1 : 갈릴레오에서 뉴턴까지 고전역학의 세계》, 윌리엄 크로퍼(김희봉 옮김), 사이언스북스, 2007
《모든 것의 나이》, 매튜 헤드만(박병철 옮김), 살림, 2010
〈시간을 발견한 사람〉, 권재현, 동아 사이언스, 2004. 03. 02
〈에너지의 이유 있는 변신〉, 김지혁, 동아 사이언스, 과학동아 2009년 2월호
네이버 캐스트(http://navercast.naver.com/science/peninsula/452)
한겨레(http://www.hani.co.ko), 오철우, 2004. 02. 17

08. 빅뱅(Big Bang) : 견우와 직녀의 슬픈 운명
〈견우성은 독수리자리에 없다 – 전통 별자리에 대한 오해와 진실〉, 전용훈, 동아 사이언스, 과학동아 2007년
7월호 | 《빅뱅은 정말로 있었을까?》, 알렝 부케(김성희 옮김), 민음IN, 2006
《호킹이 들려주는 빅뱅 우주 이야기》, 정완상, 자음과 모음, 2010
《수학없는 물리》, 폴 휴이트(엄정인, 김인묵, 박홍이 옮김), 홍릉과학출판사, 2007

09. 세상을 이루는 가장 작은 알갱이 : 원자의 비밀을 밝혀라!
《원자, 작지만 위대한 발견들》, 정규성, 에피소드, 2003
《보어가 들려주는 원자모형 이야기》, 곽영직, 자음과 모음, 2010

10. 원소 주기율표 : 마음에 드는 원소 패밀리를 찾아라!
《Newton Highlight 완전 도해 주기율표》, 뉴턴 코리아 편집부, 뉴턴 코리아, 2007
《멘델레예프가 들려주는 주기율표 이야기》, 이미하, 자음과 모음, 2010
《선생님도 놀란 초등과학 뒤집기(38) – 원소》, 이정모 글, 이국현 그림, 성우, 2009

사진 제공 및 출처

13쪽 노벨상을 받는 플레밍, ⓒwikimedia.org | 14쪽 외르스테드, ⓒwikimedia.org | 14쪽 자석, Geek3

15쪽 패러데이, by Thomas Phillips, 1842 | 26쪽 빌헬름 텔, ⓒwikimedia.org

26쪽 아담과 이브, The Yorck Project | 26쪽 스피노자, ⓒwikimedia.org

26쪽 백설 공주, Franz Juttner | 28쪽 뉴턴, by Sir Godfrey Kneller, 1689

28쪽 윌리엄 스터클리의《아이작 뉴턴 경의 삶에 대한 회고록》, 영국 왕립학회

30쪽 코페르니쿠스, ⓒwikimedia.org

31쪽 천동설을 설명하는 그림, 지동설을 설명하는 그림, ⓒwikimedia.org

32쪽 갈릴레이, by Justus Sustermans, 1636ⓒwikimedia.org

32쪽 천체 망원경(니스 천문대), ⓒwikimedia.org | 33쪽 케플러, Brandmeisterⓒwikimedia.org

39쪽 달, ComputerHotline | 43쪽 아폴로 11호, NASA | 44쪽 레이우엔훅, by Jan Verkolje, 1686

46쪽 광학 현미경, Moisey | 46쪽 전자 현미경, kallerna | 47쪽 볼타 전지의 원리, ⓒwikimedia.org

48쪽 볼타, Dr. Manuel | 48쪽 건전지, Aney | 48쪽 휴대 전화 배터리, Varnav

48쪽 납 축전지, Sthistleton | 51쪽 촛불, Richard W.M. Jones | 58쪽 양초, Paolo da Reggio

61쪽 오렌지, bohringer friedrich | 61쪽 바나나, SteveHopson | 61쪽 파란 하늘, Suguru@Musashi

67쪽 뢴트겐, Nobel Prize biography | 67쪽 뢴트겐이 찍은 아내의 손 사진, Wilhelm Rontgen

68쪽 베크렐, Jean-Jacques MILAN | 70쪽 마리 퀴리, Nobel Prize biography

71쪽 방호복, Magnus Mertens | 75쪽 인류의 진화, ⓒwikimedia.org | 79쪽 가스레인지, Roman 92

86쪽 생명의 큰 나무, ⓒwikimedia.org | 88쪽 시조새의 모형, Michael Reeve | 89쪽 지구, NASA

91쪽 어셔 대주교, by Sir Peter Lely, 17c | 91쪽 뷔퐁, by Francois-Hubert Drouais, 18c

92쪽 해변, Shaakunthala | 93쪽 우라늄 광물, ⓒwikimedia.org | 94쪽 반감기 그래프, BenRG

96쪽 태양, NASA | 96쪽 흑점, SiriusB | 97쪽 달, Brick | 97쪽 달에 내려선 아폴로 11호의 우주인, NASA

98쪽 조개, Manfred Heyde | 101쪽 빅뱅, NASA | 107쪽 색 스펙트럼, Joanjoc | 107쪽 허블, NASA

109쪽 장작을 때는 난로의 원리, Dontpanic | 109쪽 빛의 종류, ⓒwikimedia.org | 114쪽 마트로시카, kos

119쪽 돌턴, ⓒwikimedia.org | 120쪽 음극선, Alchaemist | 123쪽 러더퍼드 원자 모형, Cburnett

123쪽 보어, Nobel Prize biography | 124쪽 보어의 원자 모형, Jia.liu

125쪽 현대의 원자 모형 orbital, haade 131쪽 물 분자 모형, Benjah-bmm27

132쪽 멘델레예프, ⓒwikimedia.org | 134쪽 주기율표, ⓒwikimedia.org | 136쪽 리튬 배터리, MASA

136쪽 비누, arz | 137쪽 비활성 기체 중 하나인 아르곤을 충전 기체로 만든 백열전구, ⓒwikimedia.org

138쪽 헬륨 기구, Aerophile SA | 138쪽 풍선, Dominik Schafer | 139쪽 표백제와 살균제, MarkGallagher

139쪽 불소 치약, Scott Ehardt | 139쪽 헤드폰, PJ (이상 ⓒwikimedia.org)

글쓰기로

과 학 · 기 술 · 사 회 3 종 세 트 !

한 번 더 맛보는

과거의 과학 10

01 과학 법칙의 발견
– 우연일까? 연구의 힘이지!

내가 벤젠의 구조를 밝혀냈다면?

벤젠의 구조를 밝혀낸 케쿨레는 항상 문제를 고민하다가 꿈속에서 그 해답을 얻었어. 문제를 해결한 후의 기분은 어땠을 것 같니? 아마 너무 기뻐서 흥분을 감출 수 없었을 거야. 네가 케쿨레라고 생각하고, 친구에게 벤젠의 구조를 밝혀내기까지의 과정과 생각을 편지로 써 보렴.

 [잠깐!] 벤젠의 구조를 밝혀내기까지의 과정과 생각을 쓸 때는 친구가 쉽게 이해할 수 있도록 써 주어야겠지?

1. 누구에게 어떤 말을 해 주고 싶니?

누구 :_____

_____

하고 싶은 말 :_____

_____

_____

2. 편지글을 어떻게 쓸지 계획을 세워 볼래?

· 처음

· 중간

· 끝

3. 계획에 따라 직접 편지를 써 보자.

4. 짝짝짝! 수고했어. 멋지게 쓴 네 편지를 다시 한 번 찬찬히 살펴볼래?

과학성	벤젠의 구조를 이야기하기 위해 정확한 과학 지식을 활용했다.	O/×
	편지에 쓴 과학 지식을 정확히 알고 있다.	O/×
논리성	글의 흐름이 자연스럽게 이어진다.	O/×
	읽는 사람이 벤젠의 구조에 대해 정확히 알 수 있다.	O/×
	처음부터 끝까지 주제에서 벗어나지 않고 매끄럽다.	O/×
창의성	벤젠의 구조에 대해 이야기하는 방법이 창의적이어서 편지를 받는 친구가 흥미로워할 것이다.	O/×

○표 5개 이상	○표 3개 이상	○표 2개 이하
달인 - 내공 강함	고수 - 내공 있음	하수 - 내공 충전 필요
과학적이고 논리적인 글쓰기를 잘하는구나! 멋진 글을 계속 써 줘.	책을 조금 더 읽고, 글을 쓰기 전에 충분히 생각해 봐. 곧 달인이 될 거야!	조금 더 노력하면 네 주장을 잘 나타내는 글을 쓸 수 있어. 힘내!

5. 다른 친구는 어떻게 썼을까? (서울 신동초등학교 박연지)

친구야! 잘 있었니?

나는 요즘 너무나 기뻐. 왜냐고?

아무도 발견하지 못한 벤젠의 구조를 처음으로 밝혀냈거든. 어떻게 밝혀냈는지 궁금하지? 정말로 우연인 것 같아.

내가 계속 벤젠에 대해서 고민을 하다가 잠이 들었는데, 꿈속에서 그 구조의 사슬을 보게 된 거야! 뱀이 꼬리를 물고 뱅글뱅글 도는 모습을 꿈속에서 보았는데, 그 순간 벤젠의 구조는 육각형의 고리 형태라는 것을 알게 되었어. 나의 간절한 소망이 꿈을 통해 이루어진 거야.

지나의 덧글

꿈을 통해 자신의 연구를 완성하게 된 기쁨을 글에 잘 드러냈어. 그런데 기본적으로 편지의 구조를 다 완성하지 못했네. 그리고 편지를 받는 친구가 그동안 벤젠 연구에 대해 계속 이야기해 오던 친구가 아니라면, 벤젠의 구조를 충분히 이해하지 못할 것 같아. 벤젠의 구조를 밝혀내기까지의 과정과 벤젠의 구조에 대해 설명을 했으면 읽는 사람이 좀 더 이해하기 쉬운 편지가 되었을 거야.

02 만유인력의 법칙
– 거인의 어깨 위에서

네 과학자와의 대화

코페르니쿠스, 갈릴레이, 케플러, 뉴턴이 은하철도 999를 타고 우주여행을 하고 있어. 과학사에 길이 남을 위대한 과학자 네 명이 모였으니 얼마나 할 이야기가 많겠어?

행성의 운동에 대해서 지동설을 주장했던 코페르니쿠스부터 중력을 발견한 뉴턴까지 모두들 자신이 어떻게 연구했고, 무엇을 발견했으며, 어떤 실험과 어떤 자료를 수집했는지, 자신들의 연구 과정에 대해 서로 이야기하고(또는 은근 자랑하고) 싶나 봐.

앗! 마침 은하철도 999가 화성 옆을 지나고 있네. 이제 본격적으로 한 명 한 명의 연구에 대해서 들어 봐야 하지 않을까? 내가 은하철도 999를 타고 이 네 명의 과학자와 같이 여행하고 있는 대한민국의 자랑스러운 초등학생이라고 생각하고, 이들의 연구에 대한 가상 인터뷰를 진행해 보자.

1. 코페르니쿠스, 갈릴레이, 케플러, 뉴턴을 만난다면 어떤 질문을 하고 싶니?

_____

_____

_____

2. 코페르니쿠스, 갈릴레이, 케플러, 뉴턴의 업적을 정리해 보고, 앞선 과학자의 어떤 업적이 다음 과학자에게 영향을 미쳤는지 화살표로 표시해 보자.

코페르니쿠스의 업적 : _____

_____

코페르니쿠스가 영향을 미친 과학자 : _____

_____

갈릴레이의 업적 : _____

_____

갈릴레이가 영향을 미친 과학자 : _____

_____

케플러의 업적 : _____

_____

케플러가 영향을 미친 과학자 : _____

_____

뉴턴의 업적 : _____

_____

뉴턴이 영향을 미친 과학자 : _____

_____

3. 계획에 따라 가상으로 인터뷰한 글을 직접 써 보자.

4. 짝짝짝! 수고했어. 멋지게 쓴 네 글을 다시 한 번 찬찬히 살펴볼래?

과학성	네 과학자의 지동설에 대한 주장과 이를 뒷받침하는 과학적 근거를 정확히 활용하였다.	O/×
	글에서 활용한 과학 지식을 정확히 알고 있다.	O/×
논리성	글의 흐름이 자연스럽게 이어진다.	O/×
	읽는 사람이 네 과학자의 주장과 그들이 근거로 제시한 과학 현상에 대해 정확히 알 수 있다.	O/×
창의성	네 과학자를 만나는 가상 상황을 잘 설정하였고, 인터뷰 내용의 구성이 창의적이다.	O/×

○표 5개 이상	○표 3개 이상	○표 2개 이하
달인 - 내공 강함	고수 - 내공 있음	하수 - 내공 충전 필요
과학적이고 논리적인 글쓰기를 잘하는구나! 멋진 글을 계속 써 줘.	책을 조금 더 읽고, 글을 쓰기 전에 충분히 생각해 봐. 곧 달인이 될 거야!	조금 더 노력하면 네 주장을 잘 나타내는 글을 쓸 수 있어. 힘내!

푸이쉬~(열차 문 열리는 소리)

또각또각

나 : 어, 누구지? 앗, 저분은 코페르니쿠스다! 안녕하세요? 코페르니쿠스 아저씨.

코페르니쿠스 : 어? 안녕. 그런데 넌 누구니?

나 : 아참, 제 소개를 하지 않았군요. 저는 대한민국이라는 나라에 살고 있는 열세 살 학생인 노혜림이라고 해요. 안 그래도 코페르니쿠스 아저씨를 기다렸는데, 이렇게 만나게 되어 정말 영광이에요.

코페르니쿠스 : 영광이라니 정말로 고맙구나. 그런데 나를 기다린 이유가 뭐니?

나 : 아, 그게요. 이렇게 열차를 타면서 아저씨께서 주장하신 지동설에 대한 궁금증을 풀고 싶어서요. 몇 가지 질문을 해도 되나요?

코페르니쿠스 : 아, 물론 되고말고. 그럼 날 인터뷰한다는 거니?

나 : 아, 그런 거겠죠? 그럼 지금부터 인터뷰를 시작할게요. 아저씨께서는 지구가 우주의 중심이고 모든 천체는 지구 주위를 돈다는 아리스토텔레스의 자연철학과 프톨레마이오스의 지구 중심설을 부정하고, 지구와 행성이 태양을 중심으로 회전한다는 태양 중심설을 처음으로 주장하셨는데요. 어떻게 그런 생각을 하셨죠?

코페르니쿠스 : 그 이유는, 혜림아! 저 밖에 있는 여러 행성이 보이지?

나 : 네, 그런데요?

코페르니쿠스 : 나는 밤하늘의 행성들이 별자리 사이를 일정하게 움직이는 것이 아니라 움직이던 방향과는 반대로 움직이기도 하고, 가끔씩 그 자리에 멈춰 서기도 하는

운동을 보았단다. 그렇지만 그러한 행성들의 움직임으로 내 주장이 명확하지 않은 것을 깨달았어. 그래서 태양을 중심으로 보면 행성들의 운동을 보다 쉽게 설명할 수 있을 거라 생각했는데, 그것을 통해 태양 중심설을 주장하게 되었단다.

나 : 아~ 그렇구나.

코페르니쿠스 : 이제 너의 궁금증이 좀 풀렸니? 나는 이번 역에서 내려야 해. 안녕.

나 : 안녕히 가세요.

또 발걸음 소리가 들린다.

웅성웅성~

나 : 어, 이번엔 누구지? 뉴턴과 갈릴레이다! 안녕하세요?

갈릴레이 : 네가 혜림이냐? 코페르니쿠스가 아까 내리면서 우리 보고 네가 여러 가지 궁금증이 많은 아이라고 하면서 네 궁금증을 풀어 주라고 하더구나.

나 : 그럼 한 가지씩만 질문할게요. 뉴턴 아저씨께서는 중력을 어떻게 아셨고, 갈릴레이 아저씨께서는 공전을 어떻게 아셨지요?

뉴턴 : 나는 사과나무에서 사과가 떨어지는 것을 보고 알았단다. 내가 좀 똑똑하잖니?

갈릴레이 : 뉴턴, 자네도 참. 난 여러 행성을 관찰하면서 위상 변화를 보고 깨달았단다. 아, 그런데 케플러는 왜 안 오지?

케플러 : 헥헥! 어, 안녕? 미안해. 화장실 갔다 오느라. 아참, 네가 혜림이로구나. 나한테 물어볼 것은 뭐니?

나 : 아, 아저씨의 세 가지 법칙에 대해서요.

케플러 : 내가 발견해 낸 것은 1차 타원 궤도의 법칙, 2차 동일 면적의 법칙, 3차 조화의 법칙이란다. 앗! 나는 또 화장실이 급해서, 이만 안녕.

뉴턴 : 혜림아, 우리도 그만 내려야겠다. 안녕.

지나의 덧글

우선 글쓰기 과제에서 요구하는 것을 충실히 지키면서 쓴 글이라는 점을 칭찬할게. 글을 쓰다 보면 내가 무엇을 위해 글을 쓰는지 잊을 때가 많은데, 이 글은 끝까지 그 목적을 잊어버리지 않은 것 같아.

네 명의 과학자에 대한 인터뷰 상황을 자세하게 제시한 것도 글의 재미를 더해 주네. 단순하게 네 과학자의 업적을 늘어놓는 것이 아니라, 네 과학지를 만나는 상황 하나하나를 재미있게 설정한 점이 좋았어. 과학 글쓰기에서 첫 번째로 중요한 것이 과학 지식을 정확하게 이해하고 이것을 글 속에 잘 활용하는 거야. 하지만 글을 읽는 재미가 없다면 아쉽게 느껴지겠지? 그런데 이 글은 읽는 재미까지 주고 있어.

아쉬운 점이 있다면, 처음에는 인터뷰가 잘되다가 끝으로 갈수록 과학자들의 대답이 자세하지 않다는 점이야. 예를 들면 케플러는 정말 화장실이 급한 사람처럼 간단하게 말하고 서둘러 자리를 뜨니 말이야.

마지막까지 내가 이해한 바를 자세하고 정확하게 풀어내는 힘이 필요할 듯해. 그러기 위해서 네 과학자의 주장을 뒷받침하는 과학적 근거들을 충분히 활용했다면 더 좋았겠지?

03 갈릴레이와 망원경
– 과학과 기술은 친구

갈릴레이에 대해 멋진 기사를!

'갈릴레이, 달의 표면을 관찰하다!'를 주제로 신문 기사를 작성해 봐. 내가 갈릴레이가 살던 시대의 신문 기자가 되었다고 상상하고, 갈릴레이가 발견한 것, 이 사건이 가지는 의미가 포함되도록 육하원칙에 맞추어 신문 기사를 작성해 보는 거야. 관련되는 그림을 넣어도 좋아.

1. 내가 쓸 신문 기사의 제목을 적어 보자.

제목 : _____

2. 위의 사건을 육하원칙에 따라 정리해 볼래?

① 언제 : _____

② 어디서 : _____

③ 누가 : _____

④ 무엇을 : _____

⑤ 어떻게 : _____

⑥ 왜 그랬을까 : _____

3. 필요한 그림을 생각하고, 그림을 넣어 꾸민 신문 기사를 작성해 봐.

4. 짝짝짝! 수고했어. 멋지게 쓴 네 글을 다시 한 번 찬찬히 살펴볼래?

과학성	갈릴레이가 관찰한 것이 무엇인지 분명히 드러났다.	O/X
	갈릴레이의 달 관찰 사건이 과학계에 주는 의미가 무엇인지 드러났다.	O/X
논리성	신문 기사가 갖춰야 할 육하원칙을 잘 지켰다.	O/X
	처음부터 끝까지 주제에서 벗어나지 않고 매끄럽다.	O/X
창의성	내용과 표현이 창의적이어서 읽는 사람들이 흥미로워할 것이다.	O/X

○표 5개 이상	○표 3개 이상	○표 2개 이하
달인 - 내공 강함	고수 - 내공 있음	하수 - 내공 충전 필요
과학적이고 논리적인 글쓰기를 잘하는구나! 멋진 글을 계속 써 줘.	책을 조금 더 읽고, 글을 쓰기 전에 충분히 생각해 봐. 곧 달인이 될 거야!	조금 더 노력하면 네 주장을 잘 나타내는 글을 쓸 수 있어. 힘내!

5. 다른 친구는 어떻게 썼을까? (서울 신천초등학교 6학년 김현수)

갈릴레이, 달 표면을 관찰하다!

천문학자이자 물리학자이면서 수학자이기도 한 갈릴레오 갈릴레이는 1610년 한 해 동안 망원경으로 달 표면을 관찰하였다. 그는 네덜란드에서 망원경을 만들어 벨기에에 판매한다는 이야기를 듣고 같은 모양의 망원경을 만들었다. 그는 직접 만든 망원경으로 달의 표면을 관찰하고, 달 표면이 울퉁불퉁하다는 사실과 달에도 '바다'가 있다는 것을 발견하였다. 달 표면이 울퉁불퉁하다는 사실은 달 표면이 매끈하다고 믿고 있던 사람들에게 큰 충격을 안겨 주었다. 또한 갈릴레이의 발견은 그동안 눈으로만 별을 관찰하던 사람들을 위해 만들어진 망원경의 영향이 컸다. 그는 달 표면뿐만 아니라 다른 천체도 관찰했는데, 목성이 밝기와 빛깔이 다른 무늬를 가지고 있다는 것, 또 태양에 흑점이 있다는 것 등을 발견하였다. 그는 이런 관찰 결과를 〈별세계의 보고〉를 통해 발표하기도 하였다. 그는 이러한 결과가 지동설을 뒷받침한다고 공표하였다. 그는 그의 호기심뿐만 아니라 사람들에게 달 표면에 대한 정확한 사실을 알려 주기 위해 관찰을 한 것으로 보인다. 하지만 예수회의 반발이 거세어질 것으로 예상되므로 사람들의 관심이 쏠리고 있다.

by 김현수 기자 (서울 신천초등학교 6학년)

현수는 갈릴레이가 어떻게 달 표면을 관찰할 수 있었는지, 그가 망원경으로 관찰해서 밝혀

낸 사실이 무엇인지, 하는 점들이 잘 드러나게 기사를 썼어. 또 갈릴레이의 발견에 대한 사

회의 반응이 어떨 것인지도 예상해서 아주 실감 나는 기사를 썼구나. 다만, 갈릴레이의 이러

한 발견이 과학적으로 어떤 의미가 있는지도 함께 써 주었다면 더 충실한 기사가 되었을 것

같아.

04 촛불 속의 과학
– 홈즈의 돋보기를 들어라!

촛불과의 인터뷰

촛불 한 자루를 켜 놓고 자세히 들여다보면 이런저런 궁금증이 생기지 않니? 왜 촛불은 밝은 빛을 내는 것일까? 촛불은 타고 나면 어떻게 되는 것일까? 궁금한 것을 적어 보고, 직접 촛불에게 물어보는 거야. 그리고 질문을 받은 촛불이 들려주는 대답도 같이 적어 보자. 열심히 공부했다면 잘할 수 있겠지?

1. 물어보고 싶은 것을 차례대로 적어 봐.

① _____

_____

② _____

_____

③ _____

_____

④ _____

_____

⑤ _____

2. 위의 질문들을 바탕으로 촛불과의 인터뷰 글을 직접 써 봐.

:

:

:

:

:

:

3. 짝짝짝! 수고했어. 멋지게 쓴 너의 글을 다시 한 번 찬찬히 살펴볼래?

과학성	촛불에 대한 과학 지식을 잘 활용했다.	○/×
	글에서 활용한 과학 지식을 정확히 알고 있다.	○/×
논리성	촛불에 대한 관찰을 바탕으로 이끌어 낼 수 있는 질문들을 논리적으로 구성하였다.	○/×
	미리 적어 보았던 촛불에 대한 궁금증들이 인터뷰 글에 잘 나타나 있다.	○/×
	질문에 대한 촛불의 대답이 적절하고, 기자와 촛불 간의 대화가 매끄럽게 이어졌다.	○/×
창의성	촛불과 인터뷰하는 상황을 창의적으로 구성하였다.	○/×

○표 5개 이상	○표 3개 이상	○표 2개 이하
달인 - 내공 강함	고수 - 내공 있음	하수 - 내공 충전 필요
과학적이고 논리적인 글쓰기를 잘하는구나! 멋진 글을 계속 써 줘.	책을 조금 더 읽고, 글을 쓰기 전에 충분히 생각해 봐. 곧 달인이 될 거야!	조금 더 노력하면 네 주장을 잘 나타내는 글을 쓸 수 있어. 힘내!

4. 다른 친구는 어떻게 썼을까? (서울 염동초등학교 윤민경)

촛불에 대한 묘사 – 촛불은 세 부분으로 나눌 수 있다. 겉불꽃, 속불꽃, 불꽃심이 바로 그것이다. 겉불꽃은 제일 바깥 부분으로, 가장 뜨겁다. 그 색은 노란색을 띠고 있다. 속불꽃은 주황색으로 가운데에 있으며, 가장 밝다. 왜냐하면 연소되지 못한 탄소 알갱이가 가열되어 빛을 내기 때문이다. 마지막으로 불꽃심은 심지와 가장 가까운 부분이다. 파란색과 보라색이 섞여 있다. 그래서인지 가장 어둡고 온도도 가장 낮다.

1. 물어보고 싶은 것

1) 촛불의 탄생

2) 밝은 이유

3) 가장 높은 온도

4) 초의 효과

5) 촛불의 쓰임새

2. 인터뷰

🧑 : 안녕하십니까? 윤민경 기자입니다. 초는 처음에 어떻게 만들어졌습니까?

🕯 : 네, 현재까지는 초를 누가 처음 만들었고 어떻게 전파되었는지 정확히 알려져 있지 않지만, 성경에 따르면 기독교인에 의하여 알려진 것으로 되어 있습니다.

🧑 : 그렇다면 촛불이 밝은 이유는 무엇입니까?

🕯 : 연소될 때 탄소 알갱이가 타면서 빛을 내기 때문에 촛불이 밝은 것입니다.

🧑 : 촛불이 뜨거운 이유는 온도 때문인데, 가장 높은 온도는 몇 도입니까?

🕯 : 가장 높은 온도는 1,400℃입니다.

🧑 : 요즘은 새로운 초가 나오고, 또 그 성능도 여러 가지입니다. 그것에 대하여 어떻게 생각하십니까?

🕯 : 요즘에는 향을 넣어 피로 해소나 집중력 강화에 도움을 주는 초도 나옵니다.

🧑 : 그런 새로운 초는 어떻게 쓰이고 있습니까?

🕯 : 장식용이나 선물용으로 많이 쓰입니다. 예전에는 개업하는 상점이나 이사 간 집을 방문할 때 타오르는 초의 불꽃처럼 모든 일이 잘되라고 초를 선물했다고 합니다. 그러나 요즘에는 꽃을 많이 선물합니다. 오늘날에도 예전처럼 초를 선물하면 좋겠습니다.

촛불에 대한 다섯 가지 질문이 아주 날카롭고 인상적이야. 과연 촛불이 어떻게 탄생했는지 다들 궁금했을 거야. 그러한 질문들에 대하여 차분하게 대답을 잘하는 촛불도 대단한걸.

대화의 흐름이 논리적으로 이어지고, 특히 과학적 지식을 잘 녹여 낸 좋은 글쓰기라고 생각해. 다만, 본문에 들어 있던 과학 지식도 촛불의 대답에 활용하였더라면 보다 멋진 인터뷰 글이 되지 않았을까?

05 라듐의 발견
– 발견의 즐거움

__스스로 빛을 내는 라듐을 발견한 날__

찾았다! 드디어 라듐을 발견한 마리 퀴리. 그녀의 머릿속에는 어떤 생각이 떠올랐을까? 네가 마리 퀴리가 됐다고 생각해 봐. 그리고 그 순간의 마음을 시로 표현해 보는 거야.

_____

_____

_____

_____

_____

_____

 [잠깐!] 마리 퀴리가 그동안 머릿속으로만 생각해 왔던 것을 실제로 발견했다는 기쁨과, 그것을 알아내기 위해 쏟았던 노력은 물론 연구 과정도 잘 드러나도록 시를 써야 해. 시에 어울리는 제목을 짓는 것도 잊으면 안 돼!

1. 8년의 긴 연구 끝에 스스로 빛을 내는 라듐을 발견한 순간, 마리 퀴리의 머릿속에는 어떤 생각들이 스쳐 지나갔을까?

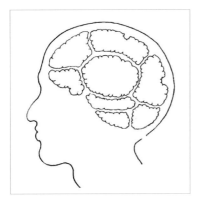

◀ 마리 퀴리의 뇌 구조

2. 여러 가지 생각을 어떤 순서로 표현할지 계획을 세워 볼래?

· 시작

· 중간

· 끝

3. 계획에 따라 직접 글을 써 보자.

4. 짝짝짝! 수고했어. 멋지게 쓴 네 글을 다시 한 번 찬찬히 살펴볼래?

과학성	글에 마리 퀴리의 라듐에 대한 연구 과정과 연구 결과를 잘 활용하였다.	○/×
	글에서 활용한 과학 지식을 정확히 알고 있다.	○/×
논리성	글의 흐름이 자연스럽게 이어진다.	○/×
	처음부터 끝까지 주제에서 벗어나지 않고 매끄럽다.	○/×
창의성	시의 내용과 표현이 창의적이어서 읽는 사람들이 흥미로워할 것이다.	○/×

○표 5개 이상	○표 3개 이상	○표 2개 이하
달인 - 내공 강함	고수 - 내공 있음	하수 - 내공 충전 필요
과학적이고 논리적인 글쓰기를 잘하는구나! 멋진 글을 계속 써 줘.	책을 조금 더 읽고, 글을 쓰기 전에 충분히 생각해 봐. 곧 달인이 될 거야!	조금 더 노력하면 네 주장을 잘 나타내는 글을 쓸 수 있어. 힘내!

푸른 별빛, 나의 라듐

어두컴컴한 실험실

밝게 빛날 라듐을 상상하며

조심스레 실험실 문을 열었다

그 순간

기다렸다는 듯 환하게 웃던 0.1g의 라듐

그 라듐이 얼마나 고맙던지

가난하고 고달파도 포기하지 않았던

라듐과 함께한 8년의 시간

그 시간들이 얼마나 고맙던지

또 피에르가 얼마나 고맙던지

그 순간

모든 게 고마워서

끝내 내 볼을 타고 흘러내리던

기쁨의 눈물

아마도 나는 처음부터

라듐을 발견했는지도 모른다

내 마음속 항상 환하게 웃던

푸른 별빛 라듐이

내 마음속에서

날 일으켜 세워 주었으니까

항상 내 곁을 지켜 주었으니까

 지나의 덧글

많은 내용을 짧고 간결한 시로 나타내는 것이 쉽지 않은데, 마리 퀴리가 라듐을 발견하기 위해 노력했던 시간과 라듐을 발견한 순간의 기쁨을 잘 담아냈구나. 발견의 기쁨만이 아니라 오랜 기간 함께 연구했던 남편 피에르에 대한 고마움까지 표현한 것과, 라듐이 마리 퀴리의 마음속에서 어떤 의미를 가지고 있었는지 표현한 것이 돋보이는구나! 힘들었던 8년의 연구 과정을 표현할 때 라듐의 특성을 살짝 곁들였다면 더욱 좋았을 것 같구나.

06 진화론
– 침팬지는 인류의 조상일까?

미래의 코끼리 상상하기

시조새라고 들어 봤니? 중생대에 하늘을 날았던 동물이야. 시조새의 모습은 지금의 새와는 매우 달라. 이빨을 가지고 있던 시조새는 파충류와 새의 특징을 동시에 지녔지. 이 시조새가 새의 조상으로 받아들여지고 있단다.

시조새가 발견되고 나서 새가 어떻게 날게 되었는지에 대한 여러 의견이 나왔어. 그중 두 가지 이론이 맞서고 있지. 하나는 공룡이 두 다리로 빨리 달리다 날게 되었다는 거야. 처음에는 높은 나무나 바위에서 뛰어내리는 수준이었지만 점점 새처럼 날게 되었다는 것이지.

다른 하나는 나무에서 주로 살던 공룡이 나뭇가지를 타고 이동하다 나는 능력이 생겼다는 거야. 처음에는 날개를 움직이지 않고 위에서 아래로 떨어지기만 했는데, 점점 진화해서 새처럼 날 수 있게 되었다는 거지.

시조새가 점점 새의 모습으로 변했듯 생물은 환경이 바뀌면 거기에 적응하며 진화해. 지금 우리가 볼 수 있는 동물들도 환경이 변화하면 거기에 맞추어 진화하겠지? 20만 년 뒤 코끼리는 어떤 모습일까? 크기가 더 커질까, 작아질까? 귀는? 상아는? 한번 상상해 볼래? 그리고 그렇게 상상한 이유를 설명해 보자.

[잠깐!] 환경에 따라 변화한 미래 코끼리의 모습을 상상해서 그려 봐. 코끼리 몸의 각 부분이 어떻게 변할지 생각해 보면 쉬울 거야. 그렇게 변한 이유를 환경과 연관 지어 설명하는 것도 잊지 마.

1. 20만 년 뒤 지구의 환경을 상상해 봐.

    20만 년 뒤 지구의 환경은 어떨까?

    _____

    그렇게 생각한 이유가 뭐야?

    _____

2. 20만 년 뒤, 지구의 환경에 따라 변화한 코끼리의 모습을 상상해서 그려 볼래?

3. 20만 년 뒤의 코끼리를 묘사하는 글을 적어 봐. 왜 그런 모습인지 이유를 꼭 넣어서 말이야.

4. 짝짝짝! 수고했어. 멋지게 쓴 네 글을 다시 한 번 찬찬히 살펴볼래?

과학성	코끼리의 모습이 변한 이유를 설명할 때, 환경과 연관 지어 과학 지식을 적절하게 활용했다.	○/×
	글에서 활용한 과학 지식을 정확히 알고 있다.	○/×
논리성	글의 흐름이 자연스럽게 이어진다.	○/×
	코끼리의 몸이 변한 이유가 논리적이고 타당하다.	○/×
	전체에서 부분, 위에서 아래 등 묘사하는 방법에 따라 표현했다.	○/×
창의성	미래 코끼리의 모습이 창의적이어서 많은 사람이 흥미로워하며 동의할 것이다.	○/×

○표 5개 이상	○표 3개 이상	○표 2개 이하
달인 - 내공 강함	고수 - 내공 있음	하수 - 내공 충전 필요
과학적이고 논리적인 글쓰기를 잘하는구나! 멋진 글을 계속 써 줘.	책을 조금 더 읽고, 글을 쓰기 전에 충분히 생각해 봐. 곧 달인이 될 거야!	조금 더 노력하면 네 주장을 잘 나타내는 글을 쓸 수 있어. 힘내!

20만 년 후에는 코끼리의 그 크던 귀가 작아지게 되었다. 간빙기가 끝나고 빙하기가 시작되었기 때문이다. 그래서 열 손실을 막기 위해 코끼리의 귀가 작아지게 된 것이다.

또한 코끼리에게 털이 생기기 시작하였다. 그 이유 역시 빙하기가 시작되었기 때문이다. 코끼리는 원래 열대 지방에서 살던 동물이므로 피부도 두꺼워지고 털도 나게 될 것이다. 그리고 코끼리의 코에는 가시가 돋고 입이 코처럼 변형되었다. 빙하기이기 때문에 식물의 수가 적어져 동물을 먹어야 하기 때문이다. 코의 가시가 고기를 알맞은 크기로 잘라 주므로 입은 무엇인가를 집을 수 있게 바뀌게 되었다. (상아 대신 코를 사용)

코끼리의 꼬리 역시 퇴화했다. 추운 곳에서는 파리가 살기 힘들어 코끼리가 가려울 일이 없어지므로 꼬리를 휘두를 일도 없어졌기 때문이다. 양옆에 새로운 꼬리가 생겼기 때문에 엉덩이 쪽의 꼬리가 퇴화했을 수도 있다.

코끼리의 발도 발톱이 없어지고 굳은살만 생겼다. 코끼리가 육식성이 되어 천적이 없어졌기 때문이다.

지나의 덧글

코끼리의 모습이 변한 이유를 미래의 환경과 연관 지어 과학적으로 잘 설명했구나. 미래의 환경이 현재보다 깨끗할 거라고 생각한 것, 그에 따라 변화한 코끼리에 대한 묘사가 참신하구나! 그런데 코끼리 몸의 각 부분에 대해 설명하기 전에 전체에 대한 묘사가 있었다면 더욱 좋았을 것 같아. 전체에서 부분으로, 혹은 위에서 아래로 묘사를 한다면 더욱 생생한 설명이 될 거야.

07 지구의 나이 – 지구의 나이에서 내 나이를 빼면?

지구의 역사를 한눈에!

지구의 나이는 몇 살일까? 이런 의문을 가져 본 적 있니? 과거부터 많은 사람들이 다양한 방법으로 지구의 나이를 계산해 보았단다. 이제 네가 기자가 되었다고 생각해 봐. 그리고 지구의 역사와 나이에 대한 기사를 작성해 보는 거야. 그림도 덧붙이면 좋겠지?

 [잠깐!] 신문을 만들 때, 신문에 반드시 들어가야 하는 요소가 빠지지 않도록 주의해야 해. 기사에는 제목, 취재해서 글을 쓴 기자의 이름, 날짜 등이 꼭 들어 있어야 해. 어디에서 가지고 온 내용인지도 밝히는 것이 좋아.

1. 〈지구 역사 신문〉을 만들 때 들어가야 할 내용을 써 보자.

_____

_____

_____

_____

2. 〈지구 역사 신문〉에서 꼭 다뤄야 할 내용이 빠지지 않았는지 확인하면서 신문을
완성해 보자.

• 지구 역사 신문 •

〈1면〉

〈2면〉

3. 짝짝짝! 수고했어. 네가 멋지게 만든 신문을 다시 한 번 찬찬히 살펴볼래?

짜임새	신문에 들어가야 할 내용이 모두 포함되었다.	○/×
	1면과 2면에 들어갈 내용이 잘 구분되었다.	○/×
알찬 내용	지구의 나이에 대해 공부한 내용이 골고루 들어갔다.	○/×
	신문을 읽는 사람들이 새로운 내용을 많이 배울 수 있다.	○/×
독특함	다른 신문들에서는 볼 수 없는 새로운 내용이 들어 있다.	○/×
	다른 신문들과 구별되는 독특한 구성을 하고 있다.	○/×

○표 5개 이상	○표 3개 이상	○표 2개 이하
달인 - 내공 강함	고수 - 내공 있음	하수 - 내공 충전 필요
과학적이고 논리적인 글쓰기를 잘하는구나! 멋진 글을 계속 써 줘.	책을 조금 더 읽고, 글을 쓰기 전에 충분히 생각해 봐. 곧 달인이 될 거야!	조금 더 노력하면 네 주장을 잘 나타내는 글을 쓸 수 있어. 힘내!

4. 다른 친구는 신문을 어떻게 만들었을까? (수원 매탄초등학교 유수빈)

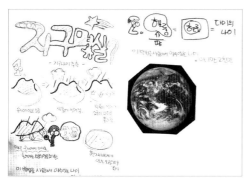

 지나의 덧글

신문에 들어가야 할 내용을 모두 넣었고, 제목도 새롭게 만들어서 어떤 내용을 다뤘는지 한

눈에 알 수 있어서 좋았어. 그리고 친구들이 궁금증이나 의문을 가질 만한 내용을 중심으

로 구성한 것도 좋았고. 그런데 너의 신문은 독특한 점을 찾기가 어려워. 신문은 정보 제공

이 가장 중요한 목적이긴 하지만 다른 신문들과 차이 나는 내용이나 짜임새가 있어야 한다

고 생각해.

이러한 문제점을 해결하려면 신문을 만들기에 앞서 계획을 잘 세우는 것이 필요해. 신문의

짜임새와 다룰 내용을 미리 다양하게 생각해 보았다면 좀 더 재미있고 유익한 신문이 되지

않았을까? 앞으로는 꼭 그렇게 했으면 좋겠어.

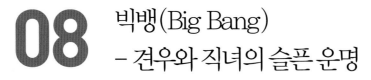 

08 빅뱅(Big Bang)
– 견우와 직녀의 슬픈 운명

빅뱅과 함께 부르는 노래

150억 년 전, 좁쌀보다도 작았던 우주가 대폭발로 인해 빠르게 팽창하면서 현재의 우주가 만들어졌고, 아직도 팽창하고 있다는 빅뱅(Big Bang) 이론은 알고 있지? 5인조 남성 아이돌 그룹 빅뱅의 노래 '거짓말'의 가사를 바꾸어 우주의 대폭발인 빅뱅(Big Bang) 이론을 설명해 보자.

 [잠깐!] 가사에 들어갈 핵심 단어들을 빠뜨리지 말고 꼭 넣어야 해. 행운을 빌어!

1. 우선 가사에 들어갈 핵심 단어가 어떤 의미를 지녔는지 그것부터 알아야겠지? 또한 각 낱말이 우주의 탄생, 빅뱅과 어떤 관련이 있는지도 알아야 해. 혹시 모르는 부분이 있다면 본문을 다시 읽어 보렴.

핵심 단어	의미 · 우주 탄생과의 관련성
우주의 팽창	우주가 팽창하면서 그 크기가 점점 커지고 있다.
별들이 서로 멀어져	우주의 팽창으로 별들 사이의 거리가 점점 멀어지게 된다. (그래서 견우성과 직녀성도 점점 멀어질 운명이지!)

허블	우주가 팽창한다는 증거를 발견한 과학자로, 별들이 점점 멀어지고 있다는 것을 밝혀내 빅뱅 이론을 뒷받침해 주었다.
우주 배경 복사	우주 태초의 빛이 우주 배경 복사의 형태로 남아 있으며, 그 빛은 영하 270℃ 정도이다.
빛	우주 팽창을 증명하기 위해서 과학자들은 별빛을 분석하였다. 별빛을 분석하면 별들이 점점 멀어진다는 것을 알 수 있다.
빅뱅	우주가 "빵!(Bang)" 하고 폭발하면서 생겼다는 설명에서 나온 이론이다.

2. 이제 핵심 단어를 넣어서 직접 가사를 써 보자.

I'm so sorry but I love you 다 거짓말이야 몰랐어 이제야 알았어 네가 필요해	
I'm so sorry but I love you 날카로운 말 홧김에 나도 모르게 널 떠나 보냈지만	
I'm so sorry but I love you 다 거짓말 I'm so sorry but I love you	
I'm so sorry but I love you 나를 떠나 천천히 잊어 줄래 내가 아파할 수 있게	

3. 짝짝짝! 수고했어. 네가 멋지게 만든 가사를 다시 한 번 찬찬히 살펴볼래?

과학성	핵심 단어를 활용하는 데 과학적 오류가 없다.	○/✕
	가사에 활용한 과학 지식을 정확히 알고 있다.	○/✕
논리성	가사의 흐름이 자연스럽게 이어진다.	○/✕
	읽는 사람이 가사의 내용을 정확히 알 수 있다.	○/✕
	처음부터 끝까지 주제에서 벗어나지 않고 매끄럽다.	○/✕
창의성	가사가 창의적이어서 노래를 부르는 사람들이 흥미로워할 것이다.	○/✕

○표 5개 이상	○표 3개 이상	○표 2개 이하
달인 - 내공 강함	고수 - 내공 있음	하수 - 내공 충전 필요
과학적이고 논리적인 글쓰기를 잘하는구나! 멋진 글을 계속 써 줘.	책을 조금 더 읽고, 글을 쓰기 전에 충분히 생각해 봐. 곧 달인이 될 거야!	조금 더 노력하면 네 주장을 잘 나타내는 글을 쓸 수 있어. 힘내!

4. 다른 친구는 어떻게 썼을까? (서울 길동초등학교 6학년 김현정)

I'm so sorry but I love you 다 거짓말이야 몰랐어 이제야 알았어 네가 필요해	대략 150억 년 전 우주 폭발이야 몰랐어 이제야 알았어 이것이 빅뱅
I'm so sorry but I love you 날카로운 말 홧김에 나도 모르게 널 떠나 보냈지만	우주는 대폭발 이후 계속 팽창 별들이 서로 멀어져 우주의 팽창이야
I'm so sorry but I love you 다 거짓말 I'm so sorry but I love you	우주가 탄생한 순간 태초의 빛 이건 우주 배경 복사
I'm so sorry but I love you 나를 떠나 천천히 잊어 줄래 내가 아파할 수 있게	별과 별자리의 연구 위대 허블 신기한 우주 공간 즐겨 우주와 빅뱅을

 지나의 덧글

가사를 보니, 빅뱅 이론과 우주의 탄생 과정에 대해 아주 잘 이해하고 있구나. 별들이 멀어

지는 것이 곧 우주 팽창의 증거이고, 우주가 탄생한 순간 발생한 태초의 빛이 우주 배경 복

사라는 것을 가사에 잘 나타냈어. 과학자 허블의 위대함, 신기한 우주 공간을 즐겁게 이해하

고 배우려는 마음까지 담아낸 훌륭한 가사야.

09 세상을 이루는 가장 작은 알갱이 – 원자의 비밀을 밝혀라!

선배 과학자들에게 편지를!

오늘날 가장 정확하다고 인정받고 있는 원자 모형은 하이젠베르크가 주장한 원자 모형이야. 네가 창의적인 과학자 하이젠베르크가 되었다고 상상해 봐. 그리고 하이젠베르크 이전에 원자 모형을 만들어 낸 선배 과학자들에게 편지를 쓰는 거야. 과연 선배 과학자들에게 어떤 말을 해 줄 수 있을까?

 [잠깐!] 편지글에는 원자 모형과 관련하여 알게 된 점과, 이전의 원자 모형에서 어떤 점을 받아들일 수 없는지 등이 잘 드러나도록 써 주었으면 해.

1. 누구에게 어떤 말을 해 주고 싶니?

누구 : _____

_____

_____

하고 싶은 말 : _____

_____

_____

2. 편지글을 어떻게 쓸지 계획을 세워 볼래?

· 처음

· 중간

· 끝

3. 계획에 따라 직접 편지를 써 보자.

4. 짝짝짝! 수고했어. 네가 멋지게 쓴 편지를 다시 한 번 찬찬히 살펴볼래?

과학성	원자 모형 이야기를 하기 위해 과학 지식을 정확하게 활용했다.	o/×
	글에서 활용한 과학 지식을 정확히 알고 있다.	o/×
논리성	글의 흐름이 자연스럽게 이어진다.	o/×
	읽는 사람이 원자 모형에 대해 정확히 알 수 있다.	o/×
	처음부터 끝까지 주제에서 벗어나지 않고 매끄럽다.	o/×
창의성	내 글이 창의적이어서 편지를 받는 선배 과학자가 흥미로워할 것이다.	o/×

○표 5개 이상	○표 3개 이상	○표 2개 이하
달인 - 내공 강함	고수 - 내공 있음	하수 - 내공 충전 필요
과학적이고 논리적인 글쓰기를 잘하는구나! 멋진 글을 계속 써 줘.	책을 조금 더 읽고, 글을 쓰기 전에 충분히 생각해 봐. 곧 달인이 될 거야!	조금 더 노력하면 네 주장을 잘 나타내는 글을 쓸 수 있어. 힘내!

보어 선배께

안녕하세요. 저는 선배님처럼 원자 연구를 하고 있는 하이젠베르크라고 합니다. 저도 선배님처럼 원자 모형을 만든 사람입니다. 선배님과는 좀 다르지만요.

저는 '불확정성의 원리'를 주장하였습니다. 불확정성의 원리란, 일정한 시간에 전자가 어느 위치에 있는지 알 수 없다는 것입니다. 이것은 단지 전자가 있을 확률이 높은 곳, 아니면 낮은 곳에 있습니다. 그래서 전자가 있을 확률이 높은 곳을 한번 표시해 보니, 재미있게도 원자핵을 중심으로 대칭을 이루는 그림이 되었습니다.

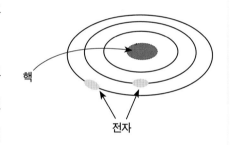

선배님은 전자가 원자핵 주위를 돌 때, 고정 궤도를 따라 돈다고 가정하셨죠. 그리고 전자가 한 궤도에서 다른 궤도로 옮겨 갈 때 궤도의 에너지가 다르기 때문에 빛을 낸다고 하셨죠. 아마 이런 모양이 될 것입니다.

그런데 그 주장에 대하여 좀 의문점이 있습니다. 만약 전자가 원자핵 주위를 돌 때 오직 고정 궤도로만 돈다고 가정하면 일부 원자들에 대해서는 설명이 불완전합니다. 수소 원자는 그 원리에 맞아떨어지지만, 다른 원자들에게는 그 설명이 맞지가 않습니다. 또 전자가 한 궤도에서 다른 궤도로 옮겨 갈 때 궤도의 에너지가 달라서 빛을 낸다는 것은 이해가 되지 않습니다. 선배님의 주장대로라면 일정한 궤도를 따라 전자가 돌기 때문에 에너지가 달라질 것이라고는 생각할 수 없는데요. 그 부분을 납득할 수가 없습니다. 만약

시간이 되시면 그 점에 대해 생각해 보시고 설명해 주십시오. 또 만약 원자가 다르게 돈

다고 하면 어떻게 돌지 한번 생각해 보시고 알려 주십시오.

    안녕히 계세요.

2010년 7월 11일

하이젠베르크 씀

지나의 덧글

보어가 이 편지를 받는다면 아주 깜짝 놀라겠는걸! 어려운 내용인데도 원자 모형에 대해 정

확히 이해하고 있는 것 같구나. 하이젠베르크가 주장하고 있는 원자 모형에 대해 설명하고,

그와 다른 보어의 의견을 묻는 점이 좋았단다. 또 책을 읽고 충분히 이해되지 않는 점을 물

어보는 것도 좋은 태도야. 이만하면 보어로부터 훌륭한 답장을 받아 볼 수 있을 것 같은데?

10 원소 주기율표 – 마음에 드는 원소 패밀리를 찾아라!

나는 미래의 화학자

네가 미래의 화학자라고 상상해 봐. 실험실에서 열심히 연구하던 중 새로운 원소를 발견했어. 네가 발견한 원소가 주기율표에 당당히 올라가려면 국제순수응용화학연맹 (IUPAC)의 인정을 받아야 해. 네가 발견한 새로운 원소를 알리는 글을 써 보자.

이 글에는 네가 발견한 원소의 이름, 원소 이름의 유래, 원자 번호, 앞으로 어떻게 사용될 수 있는지 반드시 써 넣어야 해. 먼저 아래에 제시된 원소 소개서를 참고하여 간단한 소개서를 작성한 후, 국제순수응용화학연맹에 보내는 편지글을 써 보자.

Ge 〈원소 기호〉	원소 이름	게르마늄
	원소 이름의 유래	1886년경 독일인 윙클러 씨가 발견하였으며, 자신의 조국 독일 (Germany)의 이름을 따서 '게르마늄(Germanium)'이라고 하였다.
	원자 번호	32
	원소의 쓰임	암을 제거하는 효과가 있다.

Sr 〈원소 기호〉	원소 이름	스트론튬
	원소 이름의 유래	1790년 아일랜드의 과학자가 발견한 원소로 원소를 처음 발견한 장소인 스코틀랜드의 한 마을 '스트론티안(Strontian)'에서 그 이름이 유래했다.
	원자 번호	38
	원소의 쓰임	안정된 상태의 스트론튬은 진한 적자색을 내는 불꽃놀이에 사용될 수 있다. 하지만 방사성 물질을 내보내는 스트론튬(Sr-90)도 있어서 위험하고 해로운 물질로도 인식된다.

1. 편지글을 쓰기 전에 네가 발견한 '나만의 원소'의 간단한 소개서를 작성해 봐!

나만의 원소 ( ) 〈원소 기호〉	원소 이름	
	원소 이름의 유래	
	원자 번호	
	원소의 쓰임	

2. 편지글을 어떻게 쓸지 계획을 세워 볼래?

· 처음

· 중간

· 끝

3. 네가 발견한 원소의 존재를 알리는 편지글을 설득력 있게 써 보자.

4. 짝짝짝! 수고했어. 멋지게 쓴 네 편지를 다시 한 번 찬찬히 살펴볼래?

과학성	원소와 주기율표에 대한 내용을 잘 이해하고, 사용한 단어들에 과학적 오류가 없다.	O/×
	편지글에 사용한 과학 지식을 충분히 알고 있다.	O/×
논리성	글의 흐름이 자연스럽게 이어진다.	O/×
	처음부터 끝까지 주제에서 벗어나지 않고 일관성 있게 표현했다.	O/×
	편지글을 읽는 사람이 '나만의 원소'를 충분히 이해할 수 있을 정도로 논리적이고 설득력이 있다.	O/×
창의성	내가 발견한 원소가 사람들이 흥미로워할 만큼 새로운 것임을 잘 표현하였다.	O/×

○표 5개 이상	○표 3개 이상	○표 2개 이하
달인 - 내공 강함	고수 - 내공 있음	하수 - 내공 충전 필요
과학적이고 논리적인 글쓰기를 잘하는구나! 멋진 글을 계속 써 줘.	책을 조금 더 읽고, 글을 쓰기 전에 충분히 생각해 봐. 곧 달인이 될 거야!	조금 더 노력하면 네 주장을 잘 나타내는 글을 쓸 수 있어. 힘내!

나만의 원소 (Yk) 〈원소 기호〉	원소 이름	옐로코늄
	원소 이름의 유래	'옐로우 워터(Yellow Water)'라는 나무 이름과 나의 조국 대한민국(Korea)의 이름을 합성하여 옐로코늄이라고 지었다.
	원자 번호	112
	원소의 쓰임	인체에 해가 없이 체내의 지방을 분해하는 효과가 있다.

국제순수응용화학연맹에 보내는 글

안녕하세요? 저는 대한민국의 화학자 정재윤입니다.

제가 발견한 새로운 원소의 존재를 알리고자 이 글을 씁니다. 저는 지금 이 순간에도 새로운 원소의 발견에 대한 흥분을 가라앉힐 수 없습니다.

1년 전 아프리카 여행 중에 '옐로우 워터(Yellow Water)'라는 나무를 보게 되었는데, 이 나무의 잎에서 노란 즙을 추출하였습니다.

한국에 돌아온 후 이 즙을 실험용 쥐에게 여러 번 투여하였는데, 먹이를 충분히 먹는데도 쥐의 체중이 줄어드는 것이 관찰되었습니다.

비만 쥐에 6개월 동안 투여한 결과 역시 체중이 현저히 줄었습니다. 그래서 이 즙의 성분을 분석하던 중 지금까지 알려지지 않은 새로운 원소를 발견하였습니다.

저는 이 원소를 옐로우 워터라는 나무 이름과 나의 조국 대한민국(Korea)의 이름을 합성하여 '옐로코늄'이라고 지었습니다.

원자 번호는 112번이고, 지방을 분해하는 효과가 있습니다.

현대인은 지방의 과잉 섭취로 비만과 성인병 문제가 심각한데, 옐로코늄이 비만 치료의 새 길을 열 것으로 기대합니다.

제가 발견한 옐로코늄이 주기율표에 올라갈 수 있기를 바랍니다.

2010년 10월 9일

대한민국의 화학자 정재윤 올림

 지나의 덧글

미래의 화학자라고 가정하는 것이 쉽지는 않은데, 상상력을 발휘하여 나만의 원소를 소개하는 편지글을 구체적으로 잘 썼구나. 네가 발견한 원소의 이름, 원소 이름의 유래, 원자 번호, 원소의 쓰임을 빠뜨리지 않고 글로 잘 표현했고, 원소의 이름을 창의적으로 재미있게 표현했어. 또 원소의 발견 과정도 논리적으로 자세히 표현한 점이 아주 훌륭해. 원소 이론과 과학에 대한 배경 지식이 풍부할수록 보다 과학적이고 논리적인 글을 쓸 수 있음을 잘 알겠지? 네 꿈대로 훌륭한 화학자가 되어, 네가 발견한 원소가 과학 발전과 인류의 행복에 큰 도움이 되기를 바랄게.

| 지은이 소개 |

과학주머니

　서울 교육 대학교 과학과 전영석 교수 연구실을 중심으로 초등학교에서의 과학 학습 지도에 관한 연구를 하고 있는 현직 초등학교 선생님들의 모임입니다. 매주 한 번씩 모여 재미있고 신 나는 체험 활동을 통해 학생들이 과학 공부에 대한 자신감을 가질 수 있도록 하는 방법을 연구하고 있으며, 과학 글쓰기, 실험 중심의 과학 학습, 탐구학습, 과학관 전시물을 이용한 과학 학습 등 학교 과학 수업을 개선하는 데 많은 관심을 가지고 있습니다. 특히 모두 여행을 좋아해서 우리나라와 세계 여러 곳을 여행했던 경험을 학생들과 나누고 싶어 한답니다.

한언의 사명선언문

Since 3rd day of January, 1998

Our Mission – 우리는 새로운 지식을 창출, 전파하여 전 인류가 이를 공유케 함으로써 인류 문화의 발전과 행복에 이바지한다.

– 우리는 끊임없이 학습하는 조직으로서 자신과 조직의 발전을 위해 쉼 없이 노력하며, 궁극적으로는 세계적 콘텐츠 그룹을 지향한다.

– 우리는 정신적, 물질적으로 최고 수준의 복지를 실현하기 위해 노력하며, 명실공히 초일류 사원들의 집합체로서 부끄럼 없이 행동한다.

Our Vision   한언은 콘텐츠 기업의 선도적 성공 모델이 된다.

저희 한언인들은 위와 같은 사명을 항상 가슴속에 간직하고
좋은 책을 만들기 위해 최선을 다하고 있습니다.
독자 여러분의 아낌없는 충고와 격려를 부탁 드립니다.
• 한언 가족 •

HanEon's Mission statement

Our Mission – We create and broadcast new knowledge for the advancement and happiness of the whole human race.

– We do our best to improve ourselves and the organization, with the ultimate goal of striving to be the best content group in the world.

– We try to realize the highest quality of welfare system in both mental and physical ways and we behave in a manner that reflects our mission as proud members of HanEon Community.

Our Vision   HanEon will be the leading Success Model of the content group.